经济管理学术文库·经济类

大气污染规制的防治成效及
对微观企业的经济效应研究

The Effectiveness of Air Pollution Regulation and
Its Economic Effect on Micro-Enterprises

张广来／著

U0226332

经济管理出版社
ECONOMY & MANAGEMENT PUBLISHING HOUSE

图书在版编目（CIP）数据

大气污染规制的防治成效及对微观企业的经济效应研究/张广来著．—北京：经济管理出版社，2021.7

ISBN 978-7-5096-8114-5

Ⅰ.①大…　Ⅱ.①张…　Ⅲ.①空气污染—污染防治—影响—企业经济—经济效率—研究—中国　Ⅳ.①X51　②F279.2

中国版本图书馆 CIP 数据核字（2021）第 135898 号

组稿编辑：李红贤
责任编辑：李红贤　李光萌
责任印制：张馨予　黄章平
责任校对：陈　颖

出版发行：经济管理出版社
　　　　　（北京市海淀区北蜂窝 8 号中雅大厦 A 座 11 层　100038）
网　　　址：www.E-mp.com.cn
电　　　话：(010) 51915602
印　　　刷：唐山玺诚印务有限公司
经　　　销：新华书店
开　　　本：720mm×1000mm /16
印　　　张：10.75
字　　　数：199 千字
版　　　次：2021 年 8 月第 1 版　　2021 年 8 月第 1 次印刷
书　　　号：ISBN 978-7-5096-8114-5
定　　　价：68.00 元

前 言
PREFACE

在日益严峻的全球气候变化危机影响下，2020年以来多个国家和地区不断发生各类突发自然灾害和卫生健康事件，如澳大利亚森林大火、印度尼西亚洪涝、非洲蝗灾等。灾难事件的频发使得世界各国愈加重视对生态环境的保护。大气污染作为"头号"环境问题，已被证实对人类的生命健康和社会经济发展具有显著的负面影响，需要世界各国共同对抗，大气污染治理是一场需要长久努力的持续战役。对中国而言，近些年来国内雾霾事件频发，使得大气污染防治成为了政府环境保护的重点工作，中国政府也出台了一系列的大气污染防治政策，不断强化大气污染规制。但这些大气污染防治政策实施后所产生的规制后果和政策实施效率还有待检验，大气污染规制实施后究竟是否会对区域空气质量产生显著的防治成效？大气污染规制的实施对微观企业又会产生怎样的经济影响？这些问题的回答需要全面系统地对大气政策展开实证评估。因此，本书选择了我国较早就严格开展实施的大气污染防治重点城市政策作为大气污染规制的准实验分析对象，重点从大气污染规制的污染防治成效和对微观企业的经济效应两方面展开政策评估，以期为我国大气污染防治政策的科学评估和政策设计的完善提供经验证据。

由于以往研究发现大气污染规制对区域环境治理存在"倒逼减排"和"绿色悖论"两种可能结果，所以本书首先需要针对大气污染防治重点城市政策开展环境治理效应评估，从而判断该政策的实施是否产生了显著的污染防治效果。此外，基于本书实证发现的大气污染规制的作用机制结论，进一步创新性地从企业资源配置效率和工人工资收入变化的研究视角分析大气污染规制对微观企业的经济效应。综上，本书首先从城市空气污染治理的研究视角分析大气污染规制的污染防治成效，然后在环境规制的"遵循成本说"和"波特假说"理论分析框架内利用中国工业企业数据库就大气污染规制对微观企业的经济效应进行了系统性分析和影响机制检验。本书主要研究内容和结论如下：

利用中国城市层面的面板数据进行准实验分析，本书发现 2003 年实施的中国大气污染防治重点城市政策显著地改善了城市空气质量并减少了二氧化硫污染物的排放，大气污染防治工作成效显著。大气污染规制改善城市空气质量的主要传导机制为城市减少能源消耗量、加大城市污染治理力度、促进规制地区产业结构转型升级和重点城市生产技术水平的提升。同时，利用企业污染排放数据实证发现大气污染规制显著降低了企业 SO_2 排放量。此外，本书还量化计算了大气污染防治重点城市政策的空气污染治理效应，发现大气污染规制平均每年减少 3.7% 的城市工业二氧化硫排放量和降低 0.944% 的城市 PM2.5 浓度值。

基于大气污染规制对城市空气污染治理影响的机制分析结论，本书发现大气污染规制实施有利于实现城市产业结构优化和生产技术水平的提升，从而改善城市空气质量。但以上讨论针对的还只是城市层面的间接传导机制，而大气污染规制对直接作用的微观企业影响又会如何？这仍然需要本书进行深入的实证分析。因此，本书利用中国工业企业数据库（1998~2007 年），创新性地从企业资源配置效率的视角评估大气污染规制对微观企业的经济效应。研究发现，大气污染规制显著地改善了企业资源配置水平，主要是通过减少企业生产过程中过度投入的劳动力要素降低企业的产出扭曲，同时还通过提升企业劳动生产率和全要素生产率方式提升企业竞争力，进而优化企业的资源配置效率。此外，本书的异质性分析还发现大气污染规制对非出口行业企业、高新技术行业企业和非国有企业资源配置优化的经济效应更加显著。

进一步地，基于大气污染规制对企业资源配置效率影响的机制检验结论，本书发现大气污染防治重点城市政策会显著地减少企业生产过程中的劳动力要素投入。那么大气污染规制实施后究竟会对企业劳动力市场产生怎样的经济影响同样值得深入探讨。区别于以往研究环境规制对劳动力就业影响的相关文献，本书创新性地以企业工人工资收入变化为切入点进行检验，发现大气污染规制显著减少了工人工资收入和福利收入，并且对工人福利收入的负面影响更大。该负面影响主要是由于企业生产成本的提升和低效的末端污染治理减排方式共同作用导致的。此外，通过异质性检验发现大规模企业、资本密集型企业和国有企业的员工工资收入受到大气污染规制的负面影响相对较小。最后，通过本书

的福利分析发现 $1\mu g/m^3$ 城市 PM2.5 浓度的减少，将会导致工人工资收入减少 106.67 元，但大气污染治理的经济成本尚处在人们对空气污染治理的支付意愿范围以内。

综上，本书以大气污染防治重点城市政策为准自然实验，全面系统地评估了中国大气污染规制产生的环境治理效应与微观经济影响。验证了大气污染规制对城市空气污染治理的积极作用和对企业资源配置效率优化的正向影响，但同时也发现大气污染规制导致的企业生产成本的上升会压缩原有企业工人的工资收入和福利收入水平。本书能够为我国制定合理有效的大气污染防治政策提供参考借鉴，还对探索我国重点区域大气污染治理政策的新模式具有典型示范意义。

目 录

CONTENTS

第一章
绪 论

第一节 研究背景与意义

第一，加大对大气污染的防治是我国推进生态文明建设，实现绿色可持续发展的重要战略选择。我国自改革开放以来，城镇化与工业化进程明显加快，使得煤炭与石油等化石能源的消费量增长迅猛，并带来了大量温室气体和大气污染排放，进而引发了酸雨与灰霾等严重的区域环境问题。近年来频繁发生的全国性雾霾天气也让中国大气环境问题的治理显得尤为迫切，空气污染已成为我国乃至世界范围内首要环境问题。据世界卫生组织统计，空气污染导致全球每年约 700 万人死亡，且超过 90% 的由空气污染引发的死亡是来自于中低收入国家，主要集中在亚洲与非洲。空气污染导致的全球过早死亡的总成本超过了 5 万亿美元（Organization，2018）。以雾霾为主的空气污染带来的经济损失和健康风险是难以估量的，它不仅会引起人体多种疾病，还会降低人们的生活幸福感和心理健康（Klompmaker et al.，2019；Li et al.，2018；Xue et al.，2019；Zhang et al.，2017c；Zheng et al.，2019）。同时，严重的空气污染还会对交通运输、公共设施、城市建设以及和谐社会的发展等方面产生负面影响（王文兴等，2019；王韵杰等，2019）。因此，大气污染防治成为了我国当前亟待解决的环境问题，大气污染防治政策的设计与政策效应评估也成为政府工作的重点之一。

面对严峻的生态环境和经济形势，党的十九大报告明确提到了我国经济正从高速增长阶段向高质量发展阶段转变，生态环境保护与经济高质量发展密不可分，必须树立和践行"绿水青山就是金山银山"的理念，加大生态系统保护力度（林伯强和谭睿鹏，2019）。为了改善地区环境质量，中国政府采取了一系列的大气环境规制政策来解决环境问题的"市场失灵"，例如"双控区政策""大气污染防治法"和"碳排放权交易政策"等，这些大气污染规制政策同时也是实现工业结构调整的重要措施（童健等，2016）。李克强总理在 2019 年政府工作报告中提到当前我国仍需加速推进污染防治[①]，巩固扩大蓝天保卫战成果，而企业作为污染防治主体，一方面需要企业自身严格履行环保责任，另一方面还需要政府不断对环境治理方式进行创新改进，既要做到对企业依法依规监管，又必须要高度重视企业的合理诉求，对其进行有效的帮扶指导，避免处置措施简单粗暴对企业生产造成不良影响。由此看来，大气环境规制政策的实施不仅会对地区环境质量和工业结构调整产生重要影响，也会使得企业自身的生产行为、要素投入结构发生变化，影响企业的生产过程和资源配置效率（Tombe and Winter，2015）。只有通过深入分析大气污染防治面临的形势，准确把握大气污染治理过程中需要处理的几方面关系，精准提出强化大气污染防治的具体路径，才能够快速地推进我国大气污染防治进程，促进产业转型升级和经济可持续发展。综上，本书选择研究大气污染防治政策的实施效果，讨论我国大气污染防治对环境和经济产生的影响，探索和完善中国大气污染防治政策的制定设计，是我国生态文明制度建设和绿色可持续发展过程中急需解决的重要问题，需要对大气污染治理政策的环境经济效应进行系统全面的实证检验和科学深入的评估研究。

第二，定量测度大气污染规制对区域空气质量的环境影响，以及对微观企业的经济影响是合理制定大气污染治理政策的关键科学问题。中国大气污染防治政策的制定和完善，首先需要通过使用科学的研究方法对大气防治政策展开精准的政策实施效果评估。由于近年来我国政府和社会各界高度重视大气污染防治工作，使得环保部门对于大气污染防治的管控措施和力度在不断加强。2018 年，美国媒体针对我国 2014 年提出强化污染治理后的实际治污效果进行专题报道——"向污染宣战后四年，中国正在赢得战役"[②]，详细介绍了中国在大气污染防治过程中投入了巨大人力、物力和财力，并表示中国取得的污染治理成效是史无前例的。此外，美国环保协会（EDF）还对中国和伦敦空气污染的治理效率和效果进行了比较[③]，如图 1-1 所示。他们发现中国的空气污染治理速度与伦敦相比，虽然都是在不断减少且下降幅度相似，但中国的空气污染治理效率却是伦敦的两倍。以上证据说明了中国大气污染防治工作的治污思路和效果在一定程度上得到了外界认可。

---

① 政府工作报告（文字实录）[EB/OL]. [2019-03-05]. http://www.gov.cn/premier/2019-03/05/content_5370734.htm.

② 详见 https://www.nytimes.com/2018/03/12/upshot/china-pollution-environment-longerlives.html?0p19G=3248。

③ 参见 http://www.cet.net.cn/。

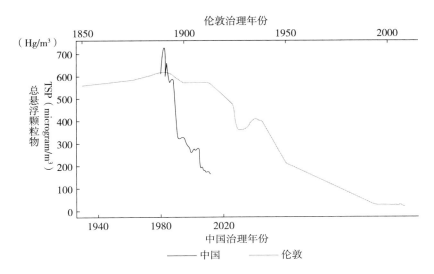

图 1-1　中国和英国伦敦空气污染治理效率和效果的比较

资料来源：美国环保协会网站：http：//www.cet.net.cn/。

　　但不容忽视的是，我国政府管控措施的提升也会对社会经济的发展和居民生活产生一定的影响。不完善的大气污染规制措施实施后还会引发公众对大气政策的激烈讨论甚至争议，例如 2017 年被"叫停"的"煤改气"工程就因为行政规划中缺乏综合性和滞后性，以及履行过程中出现的过度侵犯相对人权益现象而最终使得一项惠民工程变为"民怨工程"（戚建刚和肖季业，2019）。因此，如何就大气污染规制的政策效应进行科学的评估，对于我国探索具有中国特色的大气污染防治制度体系和规制管理途径具有重要现实意义。对大气污染政策的实施效果进行科学评估首先要面对的问题就是分析大气污染规制实施后是否有利于实现空气质量的改善，以及能够实现多大程度的空气质量改善和污染减排。其次，生态环境的保护与经济发展又是密不可分的，因此还要进一步探讨大气污染规制实施后究竟会产生怎样的经济效应？尤其是针对规制政策直接发生作用的微观企业和劳动力就业市场会产生怎样的经济效应？这些大气污染规制的环境经济效应评估共同决定了一项大气政策的实施效率和社会福利影响，对国计民生都具有直接的重要作用，也是学术界热衷于讨论和分析的科学问题。

　　因此，本书以中国较早实施的一项严格的命令控制型大气污染规制政策进行系统性的政策效应评估，不仅定量测度了大气污染规制对区域空气质量的环境效应，还准确地分析了大气污染环境规制实施后对企业资源配置和劳动力工资收入产生的微观经济影响以及其内在传导机制，能够为地方空气污染的有效治理与经济结构转型升级，实现经济高质量发展提供经验证据，是我国制定合理有效的大气污染防治政策过程中的关键科学问题。

第三，将中国大气污染防治重点城市政策视为大气污染规制一项准自然实验进行政策效应评估，对于探索我国重点区域大气污染治理政策的新模式具有典型示范意义。中国大气污染防治重点城市政策是我国较早的一项典型的命令控制型环境规制政策，原国家环境保护总局于 2002 年 12 月 2 日正式印发《大气污染防治重点城市划定方案》和在 2003 年 1 月 6 日正式出台《关于大气污染防治重点城市限期达标工作的通知》后，由国家政府直接划定了一批重点城市进行大气污染的防治监控，并采取多项严格治理措施对重点区域工业生产过程和环境治理采取管控建议和防治效果监督。被选入为大气污染防治重点城市的地区政府被要求通过加快城市能源结构调整、减少城市原煤消费（通过推广清洁能源、划定高污染性燃料禁燃区等方式）并发展洁净煤使用技术、促进热电联产与集中供热发展、推行清洁生产、强化机动车污染排放监督管理、控制城市建筑工地与道路运输中的扬尘污染、提高城市绿化水平（最大限度减少裸露地面）、降低城市大气环境中悬浮颗粒物浓度等措施改善城市空气质量，并受到国家环保部门的定期工作检查。将该大气污染防治重点城市政策作为本书的分析对象，一方面是因为中国大气污染防治重点城市政策管控措施的实施力度强，具有较强的理论研究价值，符合本书进行政策效应分析的先决条件。同时，该政策将我国所有城市划分为大气污染防治重点城市和非重点城市，并根据政策实施的时间可以将其划分为事前组和事后组，满足了本书进行准实验框架下政策效应评估的双重差分分析条件。合理有效的双重差分模型能够较好地解决政策效应评估中的内生性问题，得到相对准确的研究结论，对于研究我国大气污染规制的环境经济效应能够提供可靠的经验证据。另一方面，从中国经济发展进程来看，政府可能比较倾向于使用类似于对经济主体设定具体排放指标，超额排放将遭受重罚甚至关停的命令控制型环境政策工具，因此导致在较长的一段时间内，命令控制型环境政策一直是中国进行环境管理的主要政策工具。但命令控制型的环境规制政策也被部分学者质疑会对经济发展产生较大的负面影响，而且也无法确保一定能够实现显著的环境治理效果。因此，本书选择了我国较早实施的一项典型命令控制型环境规制政策进行分析，是对现有研究领域的有效补充和完善。可从顶层设计层面对我国制定合理有效的大气污染防治政策提供参考借鉴，并且还对探索我国重点区域大气污染治理政策的新模式具有典型示范意义。

第二节 研究方法

本书的研究方法既有定性分析与定量分析的结合，也从三章实证章节中体现出了理论模型与实证分析相结合的特点。一方面，利用城市面板数据分析大气污染防治重点城市政策对规制区域空气污染治理的环境影响。另一方面，以中国工业企业数据库（1998～2007年）为基础，分析了大气污染防治重点城市政策对微观企业资源配置和工人工资收入变化的经济影响。对我国大气污染规制的防治成效与微观经济效应进行了深入细致的分析，本书中使用的具体研究方法有三种。

一、文献研究法

本书的第二章文献综述部分从环境规制政策的环境效应和经济效应评估两个方面，对目前已有的国内外相关研究进行了系统性的梳理和评估。其中，第一部分对环境规制政策的环境效应的讨论，首先是从大气环境科学领域和环境经济学领域使用的研究方法差异性展开。然后，对环境经济学领域相关研究中发现的大气污染规制改善环境质量和恶化环境质量两个主要结论进行归纳和总结，发现国内外学者可能会因为研究视角和对象的差异得出正向环境治理效应和"绿色悖论"进而恶化环境质量这两种截然相反的研究结论。这也突出了本书首先展开中国大气污染防治重点城市政策的防治成效研究的重要性，因为大气污染规制实施后的环境治理效应尚未确定。第二部分对环境规制政策的经济效应讨论从"遵循成本说"与"波特假说"的经验比较、资源配置效率和劳动力市场三个方面展开。其中，大气污染规制产生的"成本增加效应"和"波特创新效应"也是全文理论分析的重要组成部分，并且在后续研究中对其进行了详细的实证检验，而对资源配置效率的文献梳理则突出了本书研究大气污染规制对企业资源配置的经济效应评估的创新性。最后，针对环境规制政策对劳动力市场的经济影响的文献梳理，发现较少有文献开展对工人工资视角的相关分析，并且极少有文献同时分析大气污染规制对工人工资收入结构的影响，这也突出本书第六章实证研究的重要性。总之，对现有文献进行梳理和归纳总结有利于本书厘清目前已有研究的现状和问题，并据此提炼出本书研究问题的主要创新点。

二、理论分析法

在本书的三章实证分析过程中，均采用了理论和实证相结合的方法。或是通过经典理论梳理，或是通过理论模型推导再提出本书各章节的研究假说，并在此基础上，利用了翔实的数据以及严谨的实证分析方法，对本书各章节的研究假说进行实证检验和深入分析。具体地，在第四章大气污染规制的防治成效评估研究中，本书基于"倒逼减排说"和"绿色悖论"两个经典理论提出了大气污染规制对城市空气质量变化的作用机理，并在后续的机制分析部分进行了实证检验。第五章则基于 Hsieh 和 Klenow（2009）提出垄断竞争模型里的企业资源配置过程中要素投入扭曲与全要素生产率的关系，在企业资源配置效率的测算框架内讨论了大气污染规制如何通过"成本增加效应"和"技术创新效应"的综合作用进而影响企业资源配置效率，提出相应的研究假说并进行实证检验。第六章则是构建了大气污染规制影响企业工人工资的理论模型，通过理论模型推导发现大气污染规制对企业员工工资影响的构成，并进一步依据理论模型公式讨论了大气污染规制对企业工人工资收入变化的经济效应的主要机制。本书通过理论分析法对大气污染规制的环境与经济效应评估进行理论上的判断，并提出本书的相关研究假设。

三、双重差分模型的实证分析法

本书是将中国实施大气污染防治重点城市政策视为一项准自然实验，进行的一项偏经济学实证的政策效应评估研究，使用的研究方法是政策效应评估中广泛使用的双重差分法。通过构造出严格的外生大气污染规制冲击，将重点城市和非重点城市样本分别设为处理组和对照组，从而开展城市空气污染治理效应和对微观企业影响的经济效应分析。对于具体的双重差分模型设定，本书将在后续实证分析过程中予以详细解释。但值得提出的是，本书为了进一步保证 DID 模型估计的有效性以及政策效应评估不受到事前分组的影响，在基准 DID 模型中进一步加入了大气污染防治重点城市的分组选择标准变量和时间的交乘项，从而保证样本在事前分组的随机性，并且尽可能地在模型中设定严格的固定效应，保证得到更加可靠的政策效应估计值。除此之外，本书在稳健性分析过程中，还使用了三重差分法（Difference-in-Difference-in-Differences，DDD）和倾向得分匹配—双重差分法（PSM-DID）两种因果推断中常用的计量方法进行稳健性检验，具体的模型设定和检验过程见后续研究的实证介绍。

第三节　研究内容和技术路线

一、研究问题

本书旨在融合环境经济学的创新研究视角，以我国大气污染防治重点城市政策的实施为一项准自然实验，在准实验的分析框架内系统地分析大气污染规制对城市空气污染治理的防治成效，以及对企业资源配置和工人工资收入变化的经济效应。深入讨论大气污染防治重点城市政策实施后环境治理的成本收益以及微观经济影响，通过实证结果的分析讨论，为提升我国大气污染规制的效率提供政策建议和决策依据。简单而言，本书分别从大气污染规制的防治成效和微观经济效应两方面提出了两大研究问题与三个子问题，具体如下：

- 严格的大气污染规制是否对城市空气污染产生显著的防治成效？

Q1：大气污染规制对我国城市空气质量的影响及其内在传导机制是什么？

- 严格的大气污染规制会对我国微观企业产生何种经济效应？

Q2：大气污染规制对企业资源配置的影响及其内在传导机制是什么？

Q3：大气污染防治对企业工人工资收入的影响及其内在传导机制是什么？

二、研究内容

本书包含七个章节，各章节具体的研究内容如下：

第一章是绪论。主要介绍了本书的研究背景与现实意义，同时还简要讨论了本书分析过程中所使用的研究方法，介绍本书分析大气污染规制防治成效与微观经济效应的主要研究问题、研究内容和技术路线。最后，还指出了本书的主要创新点。

第二章是文献综述。分别从环境规制政策环境效应中的正向"倒逼减排"效应和负向"绿色悖论"两类结论进行归纳比较，以及从环境规制政策经济效应中的"遵循成本说"和"波特假说"进行比较、归纳环境规制政策的资源配置经济效应和对劳动力市场影响的经济效应这三个方面进行文献梳理和归纳总结，最后再对现有国内外研究进行评述。

第三章是我国大气污染治理政策的制度背景与污染现状分析。主要包括以下几个方面的内容：对中国大气污染防治政策进行概念界定；对我国大气污染治理相关政策法规进行梳理，并归纳分析中国大气污染防治政策的演化阶段特征；分析本书重点研究的中国大气污染防治重点城市政策的典型特征，包括了该政策实施的制度背景介绍与污染治理措施和实际防治效果，以及本书基于该政策进行大气污染规制准实验研究的典型性讨论；介绍我国城市 PM2.5 和 SO_2 污染历史区域变动趋势与现状特点，同时还重点讨论了中国大气污染防治重点城市的 PM2.5 污染现状特征。

第四章是大气污染规制对城市空气污染的防治成效研究。本章基于城市面板数据、企业污染排放数据和双重差分模型，在对大气污染规制引起"倒逼减排"和"绿色悖论"的理论分析基础上，提出本书的研究假说。分析了大气污染规制对城市空气污染的环境影响及其内在传导机制，讨论了大气污染规制对企业减排行为的影响，同时还量化计算了城市空气污染治理效应的大小。

第五章是大气污染规制对企业资源配置的影响研究。利用 1998～2007 年中国工业企业数据库，在企业资源配置效率测算的理论模型和大气污染规制对企业引起的"成本增加效应"与"技术创新效应"的比较分析框架内，实证检验了大气污染规制对企业资源配置的经济效应及其内在作用机制，还进行了相关的异质性分析和一系列稳健性检验。

第六章是大气污染规制对企业工人工资收入变化的影响研究。利用准实验的分析方法，构建大气污染规制影响企业工人工资的理论模型并提出相关研究假说，实证检验大气污染规制对企业工人工资收入变化的直接影响以及对工资收入结构变化的影响，讨论了大气污染规制影响企业工人工资的内在传导机制和相关的异质性分析。最后，本章还结合前文大气污染规制的污染治理效应结论，对中国大气污染防治重点城市政策进行了福利分析。

第七章是结论与政策建议。本章对本书分析大气污染规制的防治成效与微观经济效应的主要研究结论进行提炼和总结，并在每一章实证研究结论的基础上，对我国大气污染治理效率提升和治理方案的设计优化提出若干条有针对性的政策建议。

三、技术路线

本书的技术路线如图 1-2 所示。

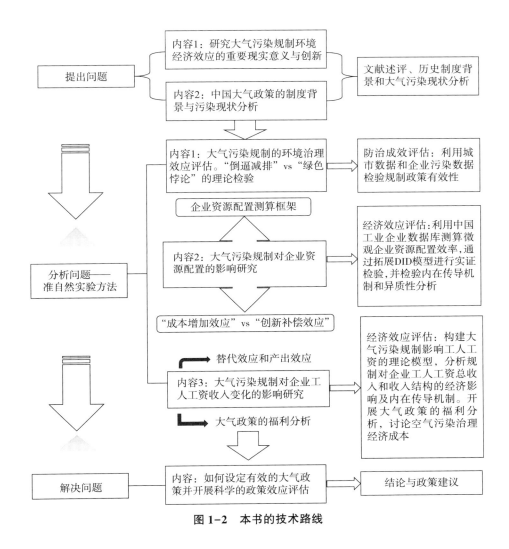

图1-2　本书的技术路线

第四节　本书的创新点

本书在梳理现有环境规制政策效应评估的理论与实证研究的基础上,尝试利用中国大气污染防治重点城市政策的实施为一项准自然实验,系统性地评估了大气污染规制的防治成效及对微观企业的经济效应及其内在影响机制,并基于本书研究结论提出具有针对性的大气污染治理政策建议。本书的研究创新点主要表现在以下几个方面：

首先，在研究对象和研究视角方面，本书是较少的针对我国实施大气污染防治重点城市政策进行的准实验研究。该政策作为我国较早实施的一项典型的行政命令主导型的大气污染规制政策，能够为分析我国严格的命令控制型环境规制政策的实施效应提供经验证据。同时，本书在分析大气污染规制的经济效应时，以微观工业企业为研究对象，创新性地讨论了大气污染规制对微观企业资源配置和工人工资变化的经济效应。以往分析环境规制的经济资源配置效应时更多的是从地区和行业层面展开分析，较少针对大气污染规制的企业资源配置效应展开讨论。从工人工资变化的研究视角讨论大气污染规制的经济效应，更是对现有分析环境规制影响劳动力市场研究文献的有效补充。

其次，在研究内容方面，本书在后续三章实证分析大气污染规制的防治成效与微观经济效应的内容中，均详细地检验了大气污染规制对城市空气污染治理以及对微观企业经济影响的内在传导机制，而以往的研究较少有对大气污染规制的内在影响机制进行考察。值得提出的是，本书关于影响机制的实证检验结果也符合三章实证部分的逻辑分析框架。第四章基于大气污染规制对城市空气污染治理的"倒逼减排"环境效应的机制检验，发现城市生产技术水平和产业结构优化升级是其内在传导机制之一。因此，第五章进一步从微观企业的资源配置视角进行大气污染规制的经济效应评估，研究发现企业资源配置效率的优化主要是由于大气污染规制显著减少了企业生产过程中过度投入的劳动要素，进而降低了企业的产出扭曲。基于此，本书第六章以劳动力市场为切入点，分析了大气污染规制对企业工人工资变化的经济效应，本书的三章实证内容具有较强的逻辑性和创新性。此外，本书还对大气污染规制的环境治理效应进行量化计算，并将其与大气污染规制对工人工资收入变化的经济效应进行比较，开展了大气污染规制政策的福利分析，从而讨论中国大气污染防治重点城市政策的治污经济成本以及是否存在过度影响规制地区收入水平的现象。

最后，在实证研究方法层面，本书以中国大气污染防治重点城市政策的实施作为准自然实验具有较强的外生性，可以弥补现有环境规制环境经济效应分析的内生性问题。此外，本书还借鉴 Gentzkow（2006）和 Li 等（2016）的研究方法对双重差分模型进行拓展，控制了大气污染防治重点城市的事前分组标准，并尝试在双重差分模型中加入事前分组标准变量与时间的多项式，保证样本在事前分组的随机性，从而得到更加可靠的政策效应估计值。这一拓展的 DID 模型方法目前还较少被国内外学者使用（Chen et al.，2018a；郭俊杰等，2019）。

第二章
文献综述

目前国内外文献中已有大量学者就环境规制的环境与经济效应进行了实证分析。本章将重点对本书中研究的大气环境规制的环境治理效应、经济资源配置效应以及对企业劳动力市场影响的经济效应几个方面展开文献梳理和相关评述。此外，鉴于本书的三章实证分析都是基于中国大气污染防治重点城市政策的准实验研究。因此，本书在文献梳理部分重点总结了现有的基于准自然实验展开分析的相关文献，并对现有研究中使用的准自然实验方法进行讨论。通过本部分对国内外学者就大气污染规制的环境与经济效应的研究梳理和讨论，发现目前可能存在的研究缺陷，并指出本书弥补现有文献研究不足的几个创新之处。

第一节　环境规制政策的环境效应研究

环境规制政策作为应对和解决环境问题的主要手段，判断其是否有效的核心标准之一即环境规制政策是否有利于环境质量的改善，保障居民的生活健康。目前，国内外学者就大气环境规制的环境效应进行了大量的研究讨论，但由于空气质量的变化包括了复杂的大气物理和化学反应过程，因此在科学有效地评估大气污染规制对城市空气质量影响的净效应时，既包括了大气科学领域学者们使用的空气质量模型模拟的方法，又包括了环境经济学领域学者们使用的计量经济政策效应评估方法。

在第一类的大气环境科学领域的研究中，刘建国等（2015）以2014年我国在北京举办的亚太经济合作组织北京峰会（简称APEC会议）为研究对象，通过运用嵌套网络空气质量模式作为分析工具，对应急管理前的基准排放源和应急管理后的排放源进行了相关的数值模拟，分析了APEC会议期间实施的应急管理减排措施对北京地区空气质量的净影响，并对如何留住"APEC蓝"提出分地区分阶段采取措施、简历动态调整机制和实施联防联控政策的相关建议。贾佳等（2016）也对北京市的 PM2.5 浓度特征进行分析并评估了 APEC 会议期间应急控制措施的真实效果。他们主要采用了 CAMx-PAST 模型对北京市周边多个区域进行了模拟分析，一方面分析了不同污染源的应急管理措施对空气污染的治理作用，另一方面进行了情景模拟对比分析。他们研究发现 APEC 会议期间采取的应急管控手段有效降低了北京市 43% 的 PM2.5 浓度，北京和周边地区严格的大气污染规制是实现"APEC 蓝"的主要影响因素。同时，还有不少学者对 APEC 会议期间政府管控措施对空气质量影响的模拟分析进行了类似的研究（杜朋等，2018；张国龙等，2017；张礁石等，2016）。除此之外，采用大气科学领域的模拟分析方法对大气污染规制的空气污染治理效应进行分析的研究还集中在对"2015 年 9·3 大阅兵①"（王占山等，2017；赵辉等，2016）、"G20 峰会②"（毛敏娟和胡德云，2017；赵辉等，2017；赵军平等，2017）和"2017 年厦门金砖会议③"（吴萍萍，2019；张子睿等，2018）等典型事件中。

第二类文献主要是用环境经济学领域广泛使用的计量经济学方法评估大气污染规制的环境效应。目前主要存在大气污染规制对环境治理的正向改善作用和产生"绿色悖论"的污染加剧现象两种研究结论。

一、环境规制政策改善环境质量——"倒逼减排"

国外学者较早就对大气污染规制对空气质量的影响进行了相关讨论，其中较为典型的是有大量学者针对美国的清洁空气法案④的颁布实施对区域空气质量的影响进行了实证分析（Auffhammer et al.，2008；Chay and Greenstone，2003，2005；Greenstone，2004；Henderson，1996；Henneman et al.，2019）。例如，Henderson（1996）通过使用监测点测量的臭氧浓度数据研究了 1977～1987 年美国地面臭氧

---

① 即 2015 年 9 月 3 日在北京组织实施的纪念中国人民抗日战争暨世界反法西斯战争胜利 70 周年阅兵式。

② 即 2016 年 9 月 4 日至 5 日在中国杭州召开的 G20 峰会。

③ 即 2017 年 9 月 3 日至 5 日在福建厦门举行的金砖国家领导人第九次晤会。

④ 美国于 1955 年颁布了空气污染控制法案（Air Pollution Control Act），这是美国历史上首部关于空气污染防治的联防立法，并在 1963 年和 1970 年分别颁布了 1963 年清洁空气法案（Clean Air Act of 1963）和 1970 年清洁空气法案（Clean Air Act 1970），其中，Clean Air Act 1970 是美国空气污染防治立法过程中的代表事件，它促使了美国设立国家环境空气质量标准并规定各州实施计划进而实现空气质量达标，同时还设立了新能源性能标准、有害空气污染物国家排放标准与机动车排放要求、修改固定污染源标准并增加执法权力。此后，分别于 1977 年颁布 1977 年清洁空气法案修正案（1977 Amendments to the Clean Air Act of 1970）、于 1990 年颁布 1990 年清洁空气法案修正案（1990 Amendments to the Clean Air Act of 1970），从而对清洁空气法案进行修正和完善。

法规对空气质量和污染设施迁移的影响。他发现规制区域未达标导致 7 月每日最高浓度中位数显著下降 8.1%。但研究还发现若使用另外三种不同的臭氧浓度检测方法，会导致政策效应较弱或者在统计学上不显著。类似的研究结论还被其他学者分析得出（Chay and Greenstone，2003，2005）。Greenstone（2004）研究了1970 年清洁空气法案对于二氧化硫浓度的影响，通过综合运用双重差分法和倾向得分匹配法，发现大气污染规制对于 SO_2 浓度下降只产生了较弱的影响。此外，不同学者还对全球各个区域的大气污染规制政策的环境效应进行了相关研究。Cole 等（2004）利用 1990~1998 年英国工业特定排放的各种污染物数据集进行研究发现，无论是正式环境规制还是非正式环境规制都对污染治理产生了显著的正向影响；Davis（2008）以墨西哥城实施的机动车尾号限行政策作为环境规制准实验的研究对象，利用断点回归方法分析了该政策的实施对于城市空气质量具有显著的影响；Auffhammer 和 Kellogg（2011）通过综合运用双重差分法和断点回归法研究发现了美国汽油标准政策实施后，对空气中挥发性有机混合物和 NO_x 的浓度产生了显著的降低效果，改善了区域空气质量；Greenstone 和 Hanna（2011）在一项针对印度环境规制对污染和婴儿死亡率的研究中同样发现环境规制有助于改善印度的空气质量；Luechinger（2014）则对德国电力行业实施的脱硫政策展开研究，发现该政策的实施对于降低 SO_2 浓度具有显著的正向作用。除上述地区的相关研究外，还有部分文献对日本（Barrett 和 Therivel，2019）、韩国（Lee et al.，2018）、澳大利亚（Matthews 和 Marston，2019）和巴西（Domingues et al.，2014）等地区实施的大气污染规制的环境效应进行了相关的计量分析。

　　同时，随着我国不断恶化的大气污染现状，中国政府自 20 世纪 90 年代以来出台了多项大气污染防治政策。其中，1998 年实施的"双控区"政策（酸雨控制区和二氧化硫控制区的简称）是我国较早实施的对重点区域进行空气污染防治的环境规制政策，一共有 27 个省份的 175 个城市被选定为"双控区"城市，双控区城市的 GDP、人口规模和 SO_2 排放量分别占到全国的 62.4%、40.6%和 60%（Hao et al.，2001）。国内学者就"双控区"政策实施后的环境经济效应也展开了较多分析（Cai et al.，2016；Hering and Poncet，2014；李斌等，2019；刘炳江等，1998；盛丹和张国峰，2019；吴明琴等，2016；熊波和杨碧云，2019）。其中，熊波和杨碧云（2019）将双控区政策作为准自然实验，采用双重差分法与空间计量的方法研究发现该政策的实施有效地减少了"双控区"城市 23.4%的二氧化硫排放量，对城市空气污染改善的效果显著。同时，祁毓等（2016）研究发现我国的环保重点城市政策显著降低了城市空气污染综合指数 22.71%、降低 SO_2 浓度 0.9%、降低 NO_2 浓度 1.9%和可吸入颗粒物浓度 6.55%，研究证实了环境规制实现了城市降污效应，有利于实现空气质量改善的目标。以上环境规制政策均属于命令控制型的大气环境规制，但我国同时还在不断探索着市场交易型环境规制政策的方案设计，其中，我国于 2002 年开始尝试在山东省、江苏省、河南省和山西省以及上海市、天津市和柳州市实施二氧化硫排放权有偿使用和交易政策，这是我国对二氧化硫排污权交易的初步探索。随后我国于 2007 年由中央政府正式实施二氧化硫排污权有偿使用和交易试点排污权交易政策，共有江苏、浙江、河北、湖南等 11 个省份被选为二氧化硫排污交易试点省份，近年来国内学者开始对该市场导向型环境规制政策的环境与经济效应展开初步讨论分析（曹静和郭哲，2019；李勇辉等，2016；刘海英和谢建政，2016；任胜钢等，2019；陶长琪和丁煜，2019；吴朝霞和葛冰馨，2018）。其中，曹静和郭哲（2019）、吴朝霞和葛冰馨（2018）都证实了二氧化硫排污权交易政策显著地减少试点地区的 SO_2 排放量和排放强度，实现了环境减污效应并有利于地区环境质量的改善。此外，还有部分学者就我国"十一五"规划各个省份设定的二氧化硫排放减排目标政策进行了分析，研究发现中央对地方下达的二氧化硫和化学需氧量减排控制目标这一典型的中央环保考核制度显著地降低了地区 SO_2 排放量（Shi and Xu，2018；姜英兵和崔广慧，2019；刘磊和万紫千红，2019）。罗知和李浩然（2018）则分析了我国于 2013 年实施的"大气十条"政策对于城市空气质量的影响，他们通过使用我国城市空气污染日度数据和双重差分法进行实证分析，研究发现"大气十条"政策显著地改善了我国北方地区在供暖季节时的空气质量。最后，还有部分学者开展了针对部分在我国举办的特定事件对于区域空气质量的影响，例如通过对 2008 年北京奥运会（He et al.，2016；Ma and Takeuchi，2020）、2014 年 APEC 会议（Li et al.，2018；Wang et al.，2019）和 2015 国庆 9·3 大阅兵（Han et al.，2016；Wang et al.，2019；Xue et al.，2018）等事件的准实验研究，学者们都发现了严格的大气污染规制措施有利于实现区域环境治理并改善空气质量。

二、环境规制政策恶化环境质量——"绿色悖论"

然而，并非所有的学者都认可环境规制政策一定能够带来显著的正向环境治理效应，Sinn（2008）最早提出了环境政策的"绿色悖论"，认为那些旨在减少温室气体排放和改善环境的规制政策有可能还会产生与其政策目标相悖的结果。Van der Werf 和 Di Maria（2011）就"绿色悖论"形成的原因和内在机制进行了相关总结，他们认为环境规制一方面在未来会导致污染物排放成本的提升，另一方面由于对清洁能源的补贴同样也会使得化石能源市场的竞争力下降，那么就会使得化石能源生产者为了短期内实现利润最大化，加快现有能源的开采和使用，从而排放更多的污染物破坏生态环境。此后，Van der Ploeg 和 Withagen（2015）进一步对已有的研究全球各类气候政策产生的"绿色悖论"现象的相关文献进行了归纳综述。其他国外学者针对"绿色悖论"这一议题也进行了大量的研究，同样证实了环境政策并非一定带来环境治理效应，反而是引发了环境质量的恶化（Irazábal，2018；Murad et al.，2019；Nachtigall and Rübbelke，2016；Najm，2019；Van der Ploeg and Withagen，2012）。

尽管"绿色悖论"假说已逐渐被国外学者提出和研究证实，但对于中国"绿色悖论"的研究，无论是理论研究还是实证分析都处于起步阶段，只有较少国内学者就环境规制政策的"绿色悖论"假说进行了相关研究。有学者从环境偏好对经济增长的抑制作用出发，分析了那些旨在实现环境技术改善的政策可能会使得处于环境抑制状态下的经济体产生负面的环境恶化效应，并指出需要合理的制度安排才能进一步避免产生"绿色悖论"现象（陆建明，2015）；李程宇和邵帅（2017）则结合我国供给侧结构性改革的真实国情，基于资本稀缺性的研究视角分析了可预期的减排政策引发"绿色悖论"的可能性和发生条件。一方面通过理论模型和实证检验证实了"绿色悖论"现象的触发机制，发现在给定不变的外生利率时，预期上升的碳税将会引发碳排放的"绿色悖论"。另一方面结合供给侧结构性改革冲击发现中国有可能面对有条件的"绿色悖论"风险，并指出将碳税与研发补贴相结合的政策组合可能会产生最好的节能减排效果，从而改善区域环境质量。

此外，国内学者关于"绿色悖论"的实证研究主要集中在对中国碳排放问题的讨论上，张华（2014）指出环境政策的出台与实施的滞后是地方政府之间竞争的结果。他利用中国 2000~2011 年的省级面板数据表明，地方和周边地区的环境监管存在"逐底竞争"现象，这极大地促进了地区碳排放，导致了"绿色悖论"中的环境恶化现象。同时在其另一个关于"绿色悖论"的研究中通过采取两步 GMM 法进一步分析了环境规制对碳排放产生的"倒逼减排"和"绿色悖论"的双重影响，主要是引入环境规制的二次项后综合考察环境规制与碳排放之间可能存在的非线性的直接关系，并在此基础上，加入环境规制与能源消费结构、技术创新水平、产业结构和外商直接投资的交叉项研究环境规制对碳排放造成的间接影响。研究发现了环境规制对碳排放的直接影响轨迹呈倒"U"形的曲线，在环境规制强度相对较弱时并且未达到拐点之前会呈现出"绿色悖论"效应，而在环境规制强度加强至超过拐点后则呈现碳排放的减排效应；Zhang 等（2017a）认为虽然人们普遍赞同环境政策的引入可以有效地控制碳排放，但

"绿色悖论"假说对环境政策的实施有效性提出了新的警示。他们从财政分权的视角讨论了中国环境政策与碳排放之间的关系，通过利用 1995~2012 年中国 29 个省份的面板数据，在控制碳排放空间相关性的同时，考察财政分权对环境政策功能机制的影响。研究发现，中国式的财政分权会不利于环境政策实现碳减排，并产生"绿色悖论"现象。同时还发现财政分权对环境政策的影响在不同的地理区域和直接控制的城市之间有很大的差异。因此，他们建议将减排工作纳入地方政府绩效考核体系，考虑不同省份的不同环境政策和措施，通过改善制度环境从而最大限度地发挥环境政策的减排潜力；还有学者在此基础上加入了空间效应的讨论，通过运用空间计量模型分析了我国环境规制对于碳排放产生的"绿色悖论"效应（孙建和柴泽阳，2017）。为了更加清晰地把握制度因素对于碳排放的影响，从经济政策不确定性的研究视角出发，伍格致和游达明（2018）通过使用我国 1997~2015 年的省级面板数据实证检验了经济政策不确定性、环境规制和碳排放三者之间的关系。研究发现了环境规制在全国范围内会促进碳排放，但是经济政策的不确定性可以有效地减少碳排放，研究表明经济政策不确定性具有抑制"绿色悖论"的作用，能够负向调节环境规制对碳排放的影响。

上述分析一方面从现有研究方法上对大气污染规制的环境治理效应进行了区分，分别从大气环境科学领域的空气质量模型模拟方法和环境经济学领域的计量经济政策效应评估方法的运用对国内外文献进行了归纳总结；另一方面对现有文献关于环境规制的环境效应主要研究结论进行归纳总结，发现国内外学者可能会因为研究视角和对象的差异得出正向环境治理效应和"绿色悖论"进而恶化环境质量这两种截然相反的研究结论。因此，本书研究中国大气污染防治重点城市政策实施后，究竟是产生了"倒逼减排"还是"绿色悖论"还有待进一步验证讨论，即大气污染规制的环境治理效应尚未确定。

第二节　环境规制政策的经济效应研究

一、环境规制的"遵循成本说"与"波特假说"

如何实现环境保护和经济增长的双赢发展目标是政府决策者和学者们长期以来所关注的热点问题。尽管我国目前已由经济高速增长阶段转为高质量发展阶段，但现阶段的经济发展模式依然对自然资源具有较大需求，过度开发的化石能源以及工业生产过程中的高污染排放依然在经济增长的同时对区域环境产生较大负面影响。在以保护环境为目的的环境规制政策出现后，可能会对我国现有经济模式产生影响，环境规制增加了政府治理成本和企业生产经营成本，从而影响着我国的经济发展（李丽娜和李林汉，2019）。

传统的新古典经济学家提出若政府实施相对严格的环境规制，企业在环境规制上的负担将会转换为"遵循成本"，必然使得企业的生产经营成本不断提升和产出下降，会削弱市场价格优势，导致企业竞争力下降，进而对宏观和微观两个层面的经济发展都产生不利影响（Brännlund et al.，1995；Freeman Ⅲ et al.，1973；Gray and Shadbegian，1993；Lutfalla，1980）。学者们也对"遵循成本说"进行了大量的实证检验，Gray（1987）通过使用全要素生产率指标反映经济的增长率，研究发现了环境规制实施后的经济增长每年都在下降。同样地，Barbera 和 McConnell（1990）也研究了环境规制对全要素生产率增长的直接和间接影响，发现环境规制引发了生产率 10%~30% 的下降。也有学者以公司生产经营为例，最终发现在环境规制实施后，根本无法同时实现减少消耗资源和环境有害资源的原材料使用与经济增长的目标（Walley and Whitehead，1994）。此外，国外学者也较早使用因果推断的计量方法对"遵循成本说"进行了实证检验。例如，美国学者以美国清洁法案中达标县和未达标县之间的差异化规制措施为准实验展开研究，研究发现在未达标县实施相对较为严格的大气污染规制后，不仅会显著地减少污染行业的产出与资本存量（Greenstone，2002），同时还会对全要素生产率产生显著的负面影响（Greenstone et al.，2012）。近几年国际学者的相关研究也不断地证实了环境规制可能对区域经济（Dechezleprêtre and Sato，2017）、行业经济（Korhonen et al.，2015）和企业经营（Kozluk and Zipperer，2015）产生显著的负向影响。

在国内学者的相关研究中，Tang 等（2020）就我国"双控区"政策的实施对企业全要素生产率的影响进行了准实验分析，他们通过利用 1998~2007 年中国工业企业面板数据，在"差别化"框架下，估算了命令控制型大气污染环境规制政策的经济效应。研究发现命令控制型大气污染规制政策对企业全要素生产率的增长具有显著的阻碍作用，且这种消极影响是滞后的、持续的。另外，研究还发现这种负面影响主要来自于企业成本的增加和对企业资源配置效率的负面影响。考虑了企业在污染强度、规模和所有权方面的异质性后，污染程度越重的企业、规模较小的企业和外资企业所受的负面影响越严重。也有学者进行了类似的研究，发现"双控区"政策对城市绿色全要素生产率会产生显著的抑制作用（李卫兵等，2019）。祁毓等（2016）讨论了我国环保重点城市政策实施后是否能够实现环境降污和经济增效的双赢，他们通过运用双重差分法发现环境规制在短期内对城市全要素生产率和技术进步具有显著的负向影响，但随着环境规制对其他经济社会效应的作用，该负向影响的程度会被逐渐削弱并抵消至正向的经济影响。韩超和胡浩然（2015）以 2002 年我国颁布实施的《中华人民共和国清洁生产促进法》为准实验，分析了清洁生产标准规制在实施后行业全要素生产率的动态变化，发现环境规制对于行业全要素生产率的影响呈现出先下降再上升的"U"形特征，但其产生的边际效应呈现出"J"形累计递增的变化特征。同时也有学者研究发现清洁生产标准实施后显著地抑制了企业的研发创新（张彩云和吕越，2018）。齐绍洲和徐佳（2018）通过对 G20 集团的跨国面板数据进行分析，发现严格的环境规制对于制造业的低碳国际竞争力具有抑制作用，同时这种负面影响对于发展中国家和贸易开放度较高的国家的影响会更加显著。于斌斌等（2019）则系统地构建了环境规制经济效应分析的理论框架，并创新性地在考虑环境规制的空间溢出效应的前提下分析环境规制的环境和经济效应。他们的研究发现环境规制存在着"只减排、不增效"的影响并且具有显著的空间溢出影响，但环境规制有利于优化调整产业结构进而达到改善环境规制经济效应的目的。

但是，还有另一部分学者对于环境规制产生的"遵循成本说"提出了质疑，其中最具代表性的观点是"波特假说"，Porter 和 Van der Linde（1995）认为环境规制引发企业生产过程中的成本压力可能会推动企业进行技术创新，促使企业扩大人力资本的投资和研发创新的投入，有助于优化企业内部的资源配置效率，提升企业竞争力和全要素生产率，从而产生"创新补偿效应"，能够弥补环境规制导致的成本上升并且促进地区经济的增长。进一步地，Jaffe 和 Palmer（1997）在其基础上提出了将"波特假说"分为"强波特假说""弱波特假说"和"狭义波特假说"。其中，"弱波特假说"主要研究的是环境规制可否推动创新，但该创新究竟对经济是好还是坏无法得到论证。"强波特假说"则认为这种创新能够产生"创新补偿效应"弥补环境规制产生的"遵循成本"，并有助于企业竞争力的进一步提升。"波特假说"一经提出就得到了较多国内外学者的认可和证实（Arouri et al.，2012；Berman and Bui，2001b；Brunnermeier and Cohen，2003；Makdissi and Wodon，2006；Manello，2017；Mohr，2002）。同时，"波特假说"的有效性也一直是研究的重点，学者们更多地关注如何设计良好的环境监管才能够实现增强竞争力而非降低竞争力。Cohen 和 Tubb（2018）在其最新发表的一篇关于环境规制对国家和企业竞争力影响的文献综述中，对 103 篇现有关于环境法规与企业或国家竞争力之间的关系研究的文献进行了 Meat 分析。研究发现，在这些研究中，不同研究估计出的政策效应符号和显著性水平存在相当大的异质性。与公司或工业行业层面相比，区域或国家一级的环境管制更有可能产生积极影响。这些发现与"波特假说"提出的严格而灵活的环境规制可以促进创新的结论基本相一致，也证实了环境规制随着时间的推移会不断提高国家层面的竞争力。

与此同时，也有不少国内学者研究证实了中国环境规制在区域或者行业层面同样产生了"创新补偿效应"，论证了"波特假说"的可靠性。方虹等（2012）就环境规制产生"创新波特效应"的观点争论和研究发展过程进行了系统性的回顾综述，归纳了目前国内外研究环境规制对于国际竞争力的实证文献。在实证研究方面，徐敏燕和左和平（2013）将我国制造业按行业进行了划分，同时考虑了环境规制产生的产业集聚效应和创新效应，研究发现重污染行业的环境规制能够产生显著的创新效应，而中低污染行业的环境规制的创新波特效应则不显著；黄金枝和曲文阳（2019）以我国东北老工业基地为研究对象进行了"波特假说"的检验，通过运用多元回归模型分析发现环境规制有利于促进城市创新效率以及全要素生产率的提升，对于城市经济发展有显著的正向影响；张建清等（2019）对我国长江经济带的环境规制进行了分析，同样发现强化环境规制有利于提升技术创新能力和管理水平进而对全要素生产率产生间接优化作用；杜龙政等（2019）则加入了治理转型的研究视角，首先运用全局曼奎斯特—卢恩伯格生产率指数计算我国各省份2001~2016年的工业绿色竞争力，再使用系统 GMM 方法进行实证检验，发现我国的环境规制对工业绿色竞争力的影响呈"U"形变化特征，证实了中国"波特假说"的成立，并且发现在加入治理转型后，有助于环境规制拐点的到来及"波特假说"的快速实现。还有学者发现了类似的研究结论，如环境规制对我国工业全要素能源效率（李颖等，2019）、创新专利产出（陈玉洁和仲伟周，2019）之间的"U"形关系特征。除此之外，还有部分国内学者运用了准实验的研究方法对我国特定大气污染环境规制政策的波特效应进行实证检验，例如，刘和旺等（2018）以我国2006年实施的"十一五"规划对污染物进行总量控制并将该指标纳入官员晋升考核这一事件为准实验进行实证分析，通过综合使用省份面板数据和中国工业企业数据检验了"波特假说"在我国的实现条件。他们发现"波特假说"的成立需要适宜的环境规制强度和相关措施，但环境规制的创新波特效应的实现只对我国高污染行业企业和非国有企业才适用。

二、环境规制对资源配置的影响

虽然上述讨论环境规制的"遵循成本说"和"波特假说"的研究文献已经

覆盖了经济效应的多个方面，但现有研究中针对环境规制产生的经济资源配置效应的文献仍然较少。关于资源配置问题的讨论，Restuccia 和 Rogerson（2008）认为如何实现资源在不同经济主体间的优化配置是影响全要素生产率的重要因素。如何有效地矫正要素市场扭曲进而改善我国资源配置效率是中国经济转型升级过程中急需解决的重要问题（才国伟和杨豪，2019）。在研究资源配置问题的一篇经典文献中，Hsieh 和 Klenow（2009）基于规模报酬不变的假设条件，使用"扭曲税"的方式重新定义了生产过程中的产出扭曲和资本扭曲，并估算了中国与印度的资源错配以及错配导致的效率损失。他们发现如果能够有效地配置企业间的资本要素和劳动要素，则中国制造业全要素生产率在 1998～2005 年能够提升 30%～50%。在其研究基础上，Brandt 等（2013）考虑了国有与非国有部门，发现资源配置扭曲会引起我国全要生产率年均减少 30%。此外，有学者放松了规模报酬不变的假设条件后重新测算了我国 1998～2007 年的制造业资源配置效率，研究发现资本要素配置效率的提升能够促进我国全要素生产率增长 10.1%，劳动要素配置效率的提升则有利于提升我国 7.3% 的全要素生产率（龚关和胡关亮，2013）。在国内学者的研究中，钱学峰在其多项研究中就我国资源配置问题进行了较多讨论，钱学锋和蔡庸强（2014）首先归纳了资源误置的测算方法，然后在考虑了开放经济条件下，分析了我国出口退税政策对企业资源配置的影响（钱学锋等，2015）。同时还从资源误置的研究视角分析了我国贸易利益变化（钱学锋等，2016）。并在其后续研究中，多次从汇率与出口退税（钱学锋和王胜，2017）、贸易自由化（毛海涛等，2018）和垂直结构的产业政策（钱学锋等，2019）研究视角分析它们对我国的资源配置效率的影响。此外，还有许多国内学者就资源配置问题进行了相关研究，有从我国资源配置效率动态演化进行分析（陈诗一和陈登科，2017），也有从外商直接投资视角分析其对我国要素市场扭曲的影响（才国伟和杨豪，2019），以及研究中间品贸易自由化对我国企业内资源配置效率的影响（樊海潮和张丽娜，2019）等。

但是通过梳理已有文献发现，从环境规制的视角分析其对资源配置影响的研究尚不多见。童健等（2016）在构建了考虑行业异质性的环境规制对工业行业转型升级影响的理论模型的基础上，检验了环境规制对工业行业转型升级的"J"形影响特征变化趋势，发现"J"形曲线的拐点主要受到环境规制的资源配置扭曲效应和技术效应共同作用的影响。此外，现有的相关研究主要集中于探讨环境规制对于区域或行业层面资源配置效率的影响，主要通过汇总行业层面的全要素生产率离散程度反映资源错配程度，研究环境规制是否降低了行业资源错配，进而实现行业资源的优化配置。例如，Tombe 和 Winter（2015）研究了基于产出的强度标准制度这一环境规制的实施对资源配置效率的影响，研究发现企业间存在着显著的非对称性的影响，环境政策扭曲令较低生产率的企业承担着更高的环境治理成本，同时错误地分配了清洁行业企业和污染行业企业的要素投入，导致了行业间的资源错配。类似的研究思路也在逐步被国内学者借鉴，韩超等（2017）基于中国首次约束性污染控制这一环境规制政策，分析了环境规制产生的行业间资源再配置问题，研究发现环境规制显著地降低了受规制行业内的资源错配水平，改善了受规制行业的整体生产率水平，同时还发现环境规制使得受规制行业内的资本要素向生产率更高的企业流动，市场份额也随着行业内企业生产率水平由低向高移动，从而优化了企业间的资源再配置。李蕾蕾和盛丹（2018）在其基础上进一步考虑了企业的退出和进入作为环境规制影响资源配置的渠道，分析我国地方上实施的环境立法对行业资源配置产生的效应，她们的研究也证实了环境规制有利于实现行业内资源配置效率的优化。徐志伟（2018）则以2001~2015年我国征缴的排污费为研究对象，从要素价格相对扭曲视角分析了我国环境规制造成的生产率损失，并且创新性地从资源配置视角对不同规制强度下区域异质性问题进行分析。研究发现我国一直以来存在环境规制不足扭曲，并且这种规制不足扭曲在2008年后随着排污收费增速的下降越发严重。同时还发现在区域异质性层面，该现象在中西部地区更加显著，而在东南沿海省份则相对扭曲程度较弱。除此之外，Andersen（2018）从要素投入多样性的视角分析了环境规制在不同行业间的社会福利成本，运用多部门的一般均衡模型阐明了最优环境政策的含义。龚关和胡关亮（2013）从劳动和资本配置的扭曲程度衡量资源配置效率，研究发现当企业生产面临更高的要素（资本或劳动）扭曲时，对行业全要素生产率的影响为负，进而影响资源配置的效率。

但是，以上环境规制对资源配置影响的研究多是从地区或行业层面展开的分析，而环境规制对实际生产过程中最直接作用的企业层面资源配置效率的影响，即受环境规制影响后，企业自身的生产要素投入会发生何种变化？企业在生产过程中由于各要素的边际收益产品与要素实际价格间的偏差产生的要素配置扭曲发生加剧抑或减缓？环境规制影响企业资源配置效率的主要机制是什么？目前这些问题，还未被学者展开过多讨论。因此，本研究将在第五章大气污染规制的经济资源配置效应研究中就上述问题展开重点分析和讨论。

三、环境规制对劳动力市场的影响

环境规制经济效应的另一个重点研究领域是环境规制与劳动力市场之间的关系，目前也得到了越来越多环境经济学和劳动经济学学者们的广泛关注。就业和工资作为劳动力市场中最重要的两个组成部分，其重要性不言而喻，它们不仅影响着人们的切身利益，更会对一个国家的经济稳定发展产生重要影响（李胜旗和毛其淋，2018）。目前来看，国内外学者就环境规制对劳动力市场的影响主要集中在讨论就业和工人工资收入两个方面的影响效应。

1. 环境规制对劳动力就业的影响

当前研究中，环境规制对劳动力就业影响的文献结论主要分为抑制就业、促进就业和不显著的影响。研究发现环境规制抑制就业的文献中，Greenstone（2002）较早对美国清洁空气法案实施后对劳动力就业需求的影响进行了实证分析，研究发现实施更加严格的环境规制后，未达标县的就业需求在1972～1987年累计减少了59万个。同样地，Walker（2011）针对美国清洁空气法案1990修正案对劳动力就业的影响进行了三重差分的准实验研究，发现大气污染规制实施后使得规制区域污染行业的就业需求在8年内降低了15%。Curtis（2018）以氮氧化物（NO_x）预算交易计划（NBP）为准实验分析对象，研究了NO_x限额与交易计划如何影响制造业的劳动力市场。研究发现NO_x总量管制与排放交易计划大幅降低了污染物排放水平，并增加了受监管企业的生产成本。此外，他还运用三重差分法分析了受该计划影响的制造业的劳动力市场是如何调整的，发现制造业的整体就业率下降了1.3%，而能源密集型产业的降幅高达4.8%。就业下降主要原因是雇佣率的下降而非离职率的上升，因此一定程度上减轻了在职工人的影响。类似的发现环境规制对就业需求会产生负向影响的结论还被其他国外学者的研究不断证实（Ferris et al.，2014；Raff and Earnhart，2019；Sheriff et al.，2019）。国内学者的代表性研究，Liu等（2017）以江苏省纺织染整行业在2005年被严格控制水污染的排放标准为准自然实验，将江苏省太湖流域内的企业设定为实验组，同时设定江苏省外其他长三角地区企业为对照组，利用中国工业企业污染排放数据库进行双重差分实证检验，发现环境规制显著地减少了企业7%的劳动力需求。还有学者从农民工就业的视角进行分析，研究发现提升环境规制强度会显著地减少农民工的城镇就业，且该负面效应在高收入地区会更大（范洪敏，2017）。

此外，还有部分学者认为适当的环境规制有利于促进就业的增长，实现环境保护和促进就业的双重红利。例如，Bezdek等（2008）评估了美国环境产业规模和全国范围内与环境相关工作岗位数量之间的关系，通过对佛罗里达州、明尼苏达州和北卡罗来纳州等8个州进行分析发现加大环保投资有利于促进就业的增长，两者是互补和兼容的关系。Yamazaki（2017）以2008年加拿大实施的碳税政策为研究对象，利用分省分行业的面板数据进行了三重差分法的准实验估计，研究发现碳税政策的实施尽管会对贸易密集型和碳排放密集型行业的就业产生负面抑制作用，但会显著地提升服务业的就业需求，进而从全行业就业的角度来看还是产生了显著的促进就业效应。与此同时，国内学者也进行了大量研究论证了环境规制对就业的正向促进作用。张彩云等（2017）以 2003 年实施的清洁生产标准为准实验展开分析，运用双重差分法研究发现，生产过程的绿色化显著地提升了 30.8% 的就业。邵帅和杨振兵（2017）利用我国 2001~2013 年的工业行业面板数据，通过使用广义矩估计法研究发现我国工业环境规制强度有利于提升行业劳动力就业需求，同时实现污染减排和促进就业的目标。孙文远和程秀英（2018）分析发现环境规制有效地提升了我国的污染行业就业需求，但主要表现在对重度污染行业上具有促进作用，而对轻度污染行业的就业影响不显著。任胜钢和李波（2019）以我国碳排放权交易试点政策为准实验对象，运用 PSM-DID 方法实证检验发现碳排放权交易对企业的劳动力需求组具有显著的正向影响，可以实现环境保护和促进就业的双赢。当然，也有部分国内外学者研究发现环境规制政策对就业需求并未产生显著的影响（Berman and Bui，2001a；Gray et al.，2014；Vona et al.，2018；崔广慧和姜英兵，2019a）。

2. 环境规制对工人工资收入的影响

工资收入作为劳动力市场的重要组成部分同样值得引起环境经济学领域学者们的重视，但受制于微观工人工资收入数据较难获取，目前国内外只有较少文献对这一议题进行了部分讨论。金碚（2009）从理论层面讨论了资源环境管制对企业工人工资收入的影响。他认为保护生态环境实施环境规制后会产生一定的经济代价，而这个经济代价很有可能会转嫁到劳动者身上变为工人真实工资水平的下降。同时，有学者指出由于环境规制强度提升引发的真实工资水平的下降，会导致部门间工资扭曲的现象愈发严重（Walker，2013）。国内就有学者从劳动边际产品价值、工资收益途径和工资议价能力等机制展开讨论，分析了环境规制对于工资扭曲现象的传导渠道（杨振兵和张诚，2015）。他们首先利用超越对数生产函数并采用随机前沿分析方法对我国工业行业 2001~2012 年的工资扭曲指数进行了测算，再使用系统广义矩估计的计量回归模型分析环境规制强度等因素对我国工业行业部门工资扭曲造成的影响。一方面发现了我国几乎所有的工业行业都存在着实际工资低于劳动边际生产率的"向下扭曲"现象，且工资扭曲指数呈现出先升后降的倒"U"形阶段变化特征，同时，工资扭曲程度具有较大的行业异质性特点；另一方面，他们还发现提升环境规制强度会使得劳动边际产品的价值显著增加，同时却减少了实际工资的增长，进而使得工资扭曲程度不断加重。

此外，还有少部分文献直接分析了环境规制对于工人工资的影响。Walker

（2013）研究美国清洁空气法案实施对劳动力部门间再分配成本影响时认为，由于环境规制的实施使得劳动力在不同部门间发生转移，这种受环境规制而产生的转移成本不仅包含着劳动力转移过程中因技能不匹配而引发的长期失业成本，还包括了环境规制导致的企业竞争力下降，进而导致未发生劳动力转移的原部门员工的收入下降成本。值得一提的是，Mishra 和 Smyth（2012）利用上海市闵行区企业 2007 年 784 个员工的调研数据，分析企业是否受到污染监管对于员工工资的影响，研究发现环境规制造成了企业员工工资的显著下降。尽管 Mishra 和 Smyth（2012）的研究仅利用一年的截面调查样本分析一个较小的微观特定地区，且不论在样本选择还是研究方法上都有较大完善空间，但他们的研究依然值得肯定并且具有一定的创新性。在国内学者的研究中，秦明和齐晔（2019）以我国 2006 年实施的"十一五"规划对污染物进行总量控制并将该指标纳入官员晋升考核这一事件为准实验进行实证分析，利用 2002～2007 年中国城镇住户调查数据分析我国环境规制对地区间工资增长的经济效应。他们发现了环境规制对于污染行业产值比较高的城市工资增长的负面效应更大，以及对高污染行业低技能劳动力工资增长的负面影响也更大。同时，还分析了环境规制影响工资增长的区域异质性，发现负面效应对我国中部、东部、西部地区的影响依次变小，且具有明显的空间溢出效应。他们的研究具有较强的参考价值，但依然是针对城市层面的数据进行分析的，无法有效体现出环境规制对于微观劳动者的工资收入影响，而且本书中的工资增长指标数据是由城镇住户调查数据推算得到的，且并未讨论工资收入分配效应的影响机制，研究还存在一定的局限性。闫文娟和郭树龙（2018）以我国 1998 年实施的"双控区"政策为准实验对象，通过综合使用倾向得分匹配和双重差分法分析了大气环境规制实施后同时对我国工业企业的劳动力就业和工资造成的影响，研究发现双控区政策对 SO_2 控制区内高污染排放企业的工资产生了显著的负面影响，但对酸雨控制区企业员工工资无明显作用。该研究是较少的直接分析大气污染环境规制对工人工资影响的研究，但他们的分析中并未就双重差分模型的有效性进行检验，且并未分析环境规制对工人工资产生影响的内在机制，因此仍有必要对环境规制究竟是如何影响工人工资收入变化的原因进行进一步的补充。

综上所述，本书的一大创新点是分析了大气污染环境规制对劳动力市场中工人工资收入变化的经济效应，探讨我国环境规制对于企业员工工资变化的影响以及内在传导机制，可以有效地填补环境规制对劳动力市场影响的部分空白领域。

第三节　研究评述

通过梳理环境规制政策的环境治理效应体现政策实施后的规制效果，以及通过环境规制政策经济效应里的资源配置影响和对劳动力市场影响的现有文献的梳理和总结，可知目前国内外学者已经分别从不同国家、同一国家不同区域、不同行业和微观企业几个层面进行了丰富的研究。但现有研究依然还存在着一些不足与局限性。

首先，对于大气污染环境规制的相关研究相对较少，且缺乏对我国较早实施的针对城市空气污染治理的大气污染防治重点城市政策的相关研究。目前已有的对于环境规制政策的环境经济效应分析的文献主要集中在讨论水污染、碳排放和排污权交易等问题上，缺少针对大气污染规制的环境经济效应的综合性分析。大气污染防治重点城市政策作为我国实施较早的一项典型的命令控制型环境规制政策，具有较强的学术研究价值和历史借鉴意义，能够为后续制定大气环境规制政策提供理论参考。

其次，研究层次需要进一步深入。目前已有的大气污染规制的环境效应分析更多的是从国家或者省份层面展开计量分析，缺少对于城市层面的准实验研究。讨论环境规制的经济效应分析则更多的是直接探讨环境规制对于地区经济增长抑或产业发展的宏观层面，缺少对于微观企业的经济效应研究。因此，本研究针对我国大气污染防治重点城市政策进行准实验分析，从城市层面分析了该政策在环境保护方面的有效性，并且详细检验了大气污染规制作用于城市空气污染的内在传导机制。在分析环境规制经济效应时，进一步将研究视角聚焦于受规制直接影响的微观企业，有助于本书更加精确地分析环境规制的微观经济效应。

再次，研究内容和视角需要进一步拓展。目前讨论大气污染规制环境效应的研究更多的是借鉴单一的"倒逼减排"理论提出研究假说并进行实证检验，并未综合考虑环境规制还可能产生"绿色悖论"进而恶化环境质量。本研究则对其进行了综合讨论，不仅分析出了大气污染规制的环境效应影响方向，同时还讨论了改善空气污染的效应大小。在环境规制经济效应的分析中，目前已有的研究更多是从区域经济增长或者产业发展的视角进行"遵循成本说"或是"波特假说"的检验分析，缺少对于环境规制影响微观企业资源配置的相关研究。同时，环境规制对于劳动力市场影响的研究中则缺乏从工人工资收入的视角进行讨论。

最后，已有的大气污染规制的环境经济效应研究中较少开展了内在影响机制的分析，且在研究方法使用上有待改进。综合已有文献来看，许多文献将关注重点放在了环境规制对于环境治理或经济发展的影响"方向"或者回归系数大小上，却忽略了对于其内在影响机制的研究。尤其是针对环境规制对微观企业的经济效应的研究中，较少对其微观影响机制进行讨论，而探究内在影响机制对于环境规制政策的设计完善和实施效率的提升具有重要作用。此外，在研究方法上，目前有很多文献采用了面板数据的回归分析或者是空间计量回归的方法，这类方法往往会被质疑存在互为因果或遗漏变量的内生性问题。当然，也有部分学者采用了工具变量、双重差分法或三重差分法等准实验的因果识别方法，但目前较少有学者对双重差分法中处理组和控制组的选定是否随机这一问题进行考虑。在双重差分法使用过程中尽可能地保证样本在事前分组的随机性，有助于得到更加可靠的政策效应估计值（Chen et al.，2018a；Gentzkow，2006；Li et al.，2016）。

第三章
我国大气污染治理政策的
制度背景与污染现状分析

　　我国自改革开放以来国民经济快速地发展，在工业经济实现跨越式发展的同时，伴随而来的环境污染问题也日趋严重，其中尤以我国大气污染恶化问题较为突出。面对严峻的大气污染治理形势，我国政府不断探索大气污染治理的有效途径。自 1987 年首次颁布实施《大气污染防治法》以来，我国相继出台了若干项旨在治理空气污染的相关法律法规和指导意见，本章首先对中国大气污染防治政策的概念进行了界定，并就我国大气污染治理的相关政策法规进行梳理，分析政府空气污染治理政策的不同阶段特点和典型规制特征。通过对大气污染治理相关政策法规的梳理和演进特征分析加深对我国政府空气污染治理工作进展的认识。其次重点介绍了中国大气污染防治重点城市政策的实施背景、污染治理措施和防治效果，以及本书以大气污染防治政策展开准实验分析的重要研究意义。最后围绕我国城市空气污染的历史变化趋势（1998～2016 年）以及近年来的城市PM2.5 日度变化趋势进行了污染现状分析，并进一步讨论了我国大气污染防治重点城市的 PM2.5 污染近年来的日度变化趋势。通过本章的分析，有助于更加充分地了解中国大气污染政策的制度背景和城市空气污染变化的真实状况，为后文的分析提供一定的参考依据。

第一节　中国大气污染防治政策的概念界定

　　大气污染指的是由人类活动或者是自然变化过程中产生的部分物质进入大气中，在受到气象条件的作用下持续一定时间的浓度特征后，对公共环境和人体健康造成负面影响的现象（金鉴明，1991）。大气污染物包括气溶胶状态下的污染物（称之为颗粒状污染物，如烟粉尘、黑烟、雾和常见的 PM2.5 等）和气体状态下的污染物（如 SO_2 硫化物、NO_2 氮化物和 CO 碳氧化物等）。一般而言，对于自然变化过程中产生的大气污染往往能够受到自然环境自身的净化能力而得到改善，这也称作自然环境生态平衡的自动修复。因此，基于这一视角可知，若没有受到人类活动的影响，大气环境本质上可以根据其自身净化功能消除大气污染。所以现代社会的大气污染主要还是受到人类活动过程中排放污染物的影响，与自然变化过程中产生的污染物质进行了叠加从而最终造成大气污染现象（郝吉明等，1985）。

人类活动的污染物排放过程主要包括生产性活动污染排放和消费性活动污染排放，目前已知的产生大气污染的主要活动包括燃烧、交通运输过程和工业生产活动过程。此外，有学者证明我国的工业化和城镇化的快速发展也是造成区域空气质量下降的重要原因（Zhang et al.，2018；邵帅等，2019a；邵帅等，2019b）。由于大气污染传播速度快和传播范围广的特性，使得大气污染治理的难度较大，而在改革开放的 40 多年里，我国的大气污染形势也越发严峻。尽管中国的环境治理力度不断加大，城市空气质量逐步得到改善，城市雾霾天气出现频次和覆盖范围相对减少。但由于不同地区雾霾成因各异、复合型特征突出，城市雾霾近两年又呈现卷土重来之势，雾霾污染再次成为全社会最为关注的环境问题。因此，城市空气污染既是环境问题，又是一个重大经济问题，大气污染已经对人类的生命健康与日常的经济生活造成了不可忽视的负面后果。

因此，随着大气污染的负面效应不断被证实，大气污染相关的政策法规也逐渐成为了世界各国环境政策制定的工作重点，世界各国都在积极探索治理区域环境的有效政策和手段。同时，更多的国家认识到原有的粗放工业生产体系对于大气环境会造成较大的负面影响，因此逐渐采取产业结构升级，工业生产技术改良等方式应对空气污染。此外，公众的环境意识也需要不断提升和强化，增强公众对于可持续发展观念和环境治理政策的支持。总体而言，大气污染防治政策是以管控和防治大气污染为目的，以法规条例、技术标准、行政手段和市场策略为主要承载形式共同组成的政府管控机制（袁宝华和翟泰丰，1992）。

此外，中国大气污染防治政策还具有几个符合我国国情的典型特征：首先，由于公共政策的特性之一就是具有明显的公共性，主要以服务公众为目的而实施的一系列由政府主导设计的政策，只有在政府的合理指导下和对各类社会资源的合理分配时，政府制定的相关环境政策才能够更好地起到改善地区环境质量的作用，这也与我国人民群众日益增长的追求美好幸福生活的需求相一致。因此，在一定程度上可以将中国大气污染防治政策理解为一项保护人民生命健康和有利于人民幸福生活的环境治理政策。其次，考虑到大气污染防治政策在实际执行过程中面临着诸多问题，例如要权衡好经济发展与环境保护的关系，以及防治技术是否符合标准和规制地区人民情绪等方面，只有各方积极配合才能最大限度地发挥污染防治政策的效用。所以中国大气污染防治政策也能够被定义为中央和各级地方政府以及其他公共机构为了保护和提升大气环境质量水平，实施的一系列具有一定权威性和科学性特征的污染防治手段。最后，结合我国近些年来在举办大型国际活动时（如 2008 年的"北京奥运会"、2014 年 11 月举办的"APEC 会议"和 2015 年 9 月举行的"9·3 阅兵仪式"等）制定的一系列空气污染治理的政策来看，一项行之有效的大气污染防治政策需要有强有力和高效的执政党领导，以及各地政府机关部门的积极配合。因此，中国大气污染防治政策的另一个典型特点是在综合考虑了地区经济发展、技术水平和防治污染能力的情况下，由中央政府联合各级地方政府以某一个或多个特定历史阶段的具体任务为目标，实施的与大气污染防治相关的政治行动或行为准则，有利于保证区域环境质量的改善、提升国家对外形象、维护社会政治稳定和地区公共卫生安全治理能力。

第二节　我国大气污染治理相关政策法规的梳理与演化发展特征分析

一、我国大气污染防治的相关法律法规梳理

图 3-1 整理了中华人民共和国成立之后关于大气污染治理的典型法律法规条例，其中，最早关于空气污染防治的行政法规是 1953 年由原劳动部颁发的《工厂安全卫生暂行条例》和 1956 年由国务院颁布的《关于防止厂矿、企业中矽尘危害的决定》，首次对我国的企业生产过程中的粉尘污染控制进行了规定，旨在保护职工的健康安全。20 世纪 70 年代后，我国政府愈发重视起大气污染防治的相关问题，于 1973 年出台了首个环境标准《工业"三废"排放试行标准》，对我国工业污染源生产过程中排放的废气、废渣和废水的允许排放量以及允许的排放浓度进行了限定，并要求全国不同地区依据标准制定各区域的工业"三废"排放标准。1973 年出台的标准对于我国的"三废"治理以及地区环境质量改善产生一定的积极作用，并于 1979 年颁布了我国首部与环境保护相关的综合性法规——《环境保护法（试行）》，明确规定了地区应防治经济发展过程中的大气污染问题，并对城市能源使用和企业生产废气装置进行了相关规定。20 世纪 80 年代后，政府开始连续出台若干针对大气污染专项治理的相关法律法规，例如《大气环境质

量标准》（1982 年）和《关于防治煤烟型污染技术政策的规定》（1984 年）。更为重要的是，在 1987 年我国正式出台了空气污染治理的首个纲领性文件——《大气污染防治法》，首次对大气污染的监督管理和烟尘污染的防治进行了详细的规定，要求各地区大气污染排放达到国家标准或地区自制标准。在 1987 年颁布实施《大气污染防治法》后，我国又陆续颁布了《汽车排气污染监督管理办法》（1990年）和《大气污染防治法实施细则》（1991 年）。在 1990 年后，我国对大气污染的治理工作强调了对重点区域空气污染防治进行关注，其中较为典型的是 1995年我国根据当时大气污染治理现状对《大气污染防治法（1987 年）》进行了修订，明确规定了要在我国划定一批酸雨和二氧化硫污染重点控制区（以下简称"双控区"），从而保证"双控区"范围内的酸雨和 SO_2 污染控制，并于 1998 年和 2002 年分别发布了《酸雨控制区和二氧化硫污染控制区划分方案》和《"两控区"酸雨和二氧化硫污染防治"十五"计划》。除此之外，从 1998 年下半年开始，当时的全国人民代表大会环境与资源保护委员会开始了新一轮大气污染防治法的修订工作，在全国范围内选定了 47 个环保重点城市作为大气污染防治重点城市，并要求首批 47 个重点城市采取相应的措施实现大气污染质量限期达标。2000 年修订颁布的《大气污染防治法》中明确规定了按照我国各个城市的总体规划目标以及各自的大气环境质量状况，选定一批大气污染防治重点城市采取严格的治理措施达到我国的大气环境质量标准[①]。在此基础上，原国家环境保护总局于 2002 年底和 2003 年分别印发《大气污染防治重点城市划定方案》和《关于大气污染防治重点城市限期达标工作的通知》，由此正式拉开了我国重点城市大气污染防治的序幕。2003 年全国共有 113 个城市被选为大气污染防治重点城市，并依据相关方案通知，这 113 个重点城市的空气质量需要在 2005 年实现空气质量达到二级标准，因此该政策的实施可以为本研究分析政府空气污染治理的减排与经济效应提供很好的准自然实验分析。

2006 年以后，我国为了完成"十一五"规划中明确提出的污染总量控制的相关工作，正式发布了《二氧化硫总量分配指导意见》，明确了全国各个省、自治区、直辖市的二氧化硫削减目标[②]，其中 SO_2 减排任务绝对量最大的是山东省，要求 2010 年在 2005 年的 SO_2 排放量基础上减少 40.1 万吨，减排目标幅度为20%；SO_2 目标减排相对量最大的为安徽省，要求其 2010 年在 2005 年的 SO_2 排放基础上减少 10.21 万吨，目标减幅为 47.9%，另外还有北京市、上海市和山东省

---

① 中华人民共和国大气污染防治法（修订）［EB/OL］．［2000-12-07］．http：//www. npc. gov. cn/wxzl/wxzl/2000-12/07/content_9501. htm.

② 具体的各省、自治区、直辖市在"十一五"期间的 SO_2 减排目标见政策文件，在此不作详述。

的 SO_2 减排目标幅度达 20% 以上。为了更好地完成"十一五"期间的 SO_2 减排目标，我国在 2008 年又出台了《国家酸雨和二氧化硫污染防治"十一五"规划》。在进入 2010 年以后，我国一方面大力开展重点区域的空气污染治理（例如京津冀"2+26"重点城市），另一方面也在不断探索大气污染区域联防联控新模式，并于 2012 年出台了《重点区域大气污染防治"十二五"规划》和《蓝天科技工程"十二五"专项规划》。国务院于 2013 年出台的《大气污染防治行动计划》（又称"大气十条"）被称为我国严格的大气防治政策之一，明确提出了到 2017 年要实现我国城市的可吸入颗粒物浓度相较于 2012 年要下降 10% 以上，并且逐年地提升空气质量优良的天数；此外，对京津冀、长三角、珠三角等区域的空气污染加大防治力度，要求污染物浓度分别下降 25%、20% 和 15% 左右，并要求北京市的 PM2.5 平均浓度在 $60\mu g/m^3$ 左右。在该政策实施后我国城市空气质量大幅提升，并且基本实现了 2017 年的相关目标。但由于部分地区和时段仍然存在较为严重的空气质量超标问题，以及部分省份由于地区发展不平衡导致大气污染防治工作相对滞后，仍然需要加大空气污染的治理力度。因此，我国不仅于 2015 年和 2018 年两次修订《大气污染防治法》，并且在 2018 年还出台了《打赢蓝天保卫战三年行动计划》[①]，明确指出要通过 3 年时间的防治努力大幅改善地区空气质量，并运用联防联控等新模式协同地减少温室气体的高排放量，减低 PM2.5 浓度和减少重污染天数，并对重点区域（京津冀及周边地区、长三角地区和汾渭平原等区域）展开持续性的大气污染防治行动。

为了更好地落实《打赢蓝天保卫战三年行动计划》，2019 年我国生态环境部发布了《2019 年全国大气污染防治工作要点》的通知[②]，要求全面完成我国的空气污染治理目标，实现 2019 年全国未达标城市 PM2.5 浓度同比下降 2%，以及全国 SO_2 和 NO_x 的排放总量同比削减 3%。综上所述，我国政府治理空气污染和提升城市空气质量付出了大量的努力，中华人民共和国成立以后出台了一系列的空气污染防治法律法规和标准条例，且在进入 21 世纪以后，由于城市空气污染形势的日趋严峻，我国更是密集出台大气防治的相关法律法规，对我国空气污染治理起到重要的促进作用。

---

① 国务院关于印发打赢蓝天保卫战三年行动计划的通知 [EB/OL]. [2018-07-03]. http://www.gov.cn/zhengce/content/2018-07/03/content_5303158.htm.

② 关于印发《2019 年全国大气污染工作要点》的通知 [EB/OL]. [2019-02-28]. http://www.mee.gov.cn/xxgk2018/xxgk/xxgk05/201903/t20190306_694550.html.

图3-1 中华人民共和国成立以来关于大气污染防治的相关法律法规梳理

二、我国大气污染治理政策的演化阶段特征分析

自 20 世纪 50 年代开始，我国政府已逐渐开始重视大气污染问题，并在政策议程中纳入多项大气污染防治工作。其中，研究方向、防治对象、重视程度、治理效果等方面的内容在近 70 年内均发生了复杂且显著变化。因此，依据我国大气污染的投入产出情况及政策防治力度，可将大气污染防治的演化阶段分为四部分。

1. 第一阶段：矛盾激化下的点源行政管制

第一阶段为 20 世纪 70~90 年代的政策认知阶段，此阶段设立了各项政策的初步标准，旨在维护工人权益、控制 SO_2 排放。但于国家而言，本阶段的重点工作为经济与社会的发展，因此尚处于以环境换发展的阶段，重工业高速发展现状与生态环境保护的双向矛盾日渐显露。同时，因为当时整体工业污染程度并不高，所以还没有被给予足够重视，这就导致该阶段污染防治政策数量较少且目标不够清晰，防治政策偏向于事后污染控制，而非事前污染防治。

在第一阶段中，大气污染防治主要依靠政府行政力量单方面主导，如 1979 年设立《环境保护法》。在这一阶段初期，法律的主要治理对象为生产端的工业点源污染防治，重点对工业发展产生的废气和烟尘展开研究。后期则聚焦于转变能源结构的本质，如对高污染企业实施强制"关停及转迁"措施，对机动车尾气排放展开治理。同时，由于社会公众对于大气污染成因、技术认知的不充分，仅发生广泛参与行为且行为受计划经济影响显著。但尽管如此，此行为出现即可被认为是社会公众对大气污染防治政策参与的初期萌芽。譬如，国务院曾于 20 世纪 80 年代在我国设立 47 个环保核心城，并据其功能展开城市划分，要求 21 世纪该批城市的大气质量初步达到国家大气质量标准。

由此可知，大气污染防治已正式进入政策议程阶段，而议程内容涵盖大气环境质量标准体系、大气污染物的排放标准与设备管理等。尽管在该阶段下很多规章制度、行政制度、立法项目的内容不够详细，但其数量呈不断上升趋势，且涉及多领域多方内容，故认为我国大气污染防治正在向正规化、合理化的进程迈进。同时，本阶段对环保与大气污染防治相关法律的优化与调整，均为后期系列政策法规的出台与落实提供了基础性的法律支撑。

2. 第二阶段：市场机制引入下的总量防控

20 世纪 90 年代大气污染治理进入总量管控阶段，伴随着社会主义市场经济体制的改革，该阶段对大气污染防治由工业点源治理向生产、消费综合防控转型。同时，各地相继出台多项防治政策，对防治技术与污染成因方面的研究也显著增多。该阶段大气污染的主要特点为工业废气与机动车尾气并存、区域传导与局部污染并行。因此，防治重点转向区域污染控制，由控制 SO_2 排放向控制碳排放变化，并将可持续发展、清洁生产及市场机制建立作为其重要指导思想。此外，防治政策的特点为首次引入经济市场手段，如排污许可证制度、污染物限期治理制度、环境影响评价机制等，但行政法制仍为其主导手段。

第二阶段的大气污染防治致力于对"总量、浓度和全过程"的集中控制，注重对区域性污染控制政策的改变，确保其政治表现达到标准水平。具体表现：①工业废气处理水平持续增长。统计结果显示，1999 年我国工业燃料消烟除尘率达 90.4%，生产废气净化率为 82.6%，大气污染物整体排放总量显著下降。②大气污染相关防治法律制度逐步建立健全，主要构建与完善手段为：新修已有法律与新增行政法规和持续试点推行大气排污交易政策。

但不可否认，该阶段仍然存在污染防治缺陷：①相关法律法规及标准尚不明确，主要的防治方式还是为事后治理模式。各类奖惩与约束机制尚不健全，均造成了我国当期经济发展水平与大气污染治理效率之间的不平衡性，虽然我国 1999

年环境污染治理投资占 GDP 总额超 1%，但仍未改变该局面。②环保行政机制尚不健全，没有形成完善的与大气政策相配套的相关法律机制。例如，大多数省、区、市没有以法律基础作为支撑的有偿使用及排污权交易，大多数法律依据暂不可作为其参考标准，对违规风险有效控制力不足。可见，尽管目前行政控制力度已较高，但其政策效应却难以被有效发挥。

由此可知，该阶段以不同行业和污染源的标准细化作为政策重点，面向主要污染物总量控制制度进行推行，并构建我国大气污染治理相关法律体系，令废气排放取得较好的治理效果，且因硬性指标建立使政策绩效得以提高。但由于法律体系、激励机制的完善仍存在不足，以及缺乏战略性规划与环保投资，故仍存在经济发展与大气治理的双向矛盾。

3. 第三阶段：区域治理试点下的综合防治

2000~2012 年为区域联防联控和源头防控阶段，此阶段环保政策已上升到国家战略高度，社会对科学的认知程度较之从前也具有大幅提升。主要政策特征为开启大气污染的区域联防联控政策和增强总量管控力度，并可以更好地应对各类重要的国际性活动。源头防治为本阶段政策的主要手段，即在政府绩效考核框架中纳入治理目标，进一步完善治污专项资金使用、排污税费征收、污染排放与环境标准、技术研发和规范、环评等相关政策。虽本阶段大力倡导市场化治理，但仍以行政命令与控制为主要手段。

在第三阶段中，伴随着工业化与城市化进程的加速，大气污染问题呈现更加严峻的态势。尽管环境投资额与第二阶段相比得以显著增加，但政策的整体治理效果仍存在不足：投入、产出比较低，总量控制和行政管制的边际效益处于下降状态。只针对重点污染源进行的总量控制方式，以及对多样污染源协同管制的制度缺失，均未达到缓解中央与地方、政府与企业之间矛盾的目的。同时，由于此阶段中我国机动车数量与能源消费总量呈直线上升趋势，大气污染已不局限于原有悬浮颗粒、煤烟尘、扬尘、光化学烟雾等，又新增了氮氧化合物、SO_2 等新污染物，令大气出现区域复合型污染特征，进一步增加了大气污染问题的防治困境。但在此阶段，我国政府对大气问题的关注度也在不断上升，治理思路开始转型优化，属地管理模式在本污染治理阶段实现全新突破。

由此可知，该阶段大气污染防治政策的核心是控制大气中的污染物排放总量，并进一步展开大气污染防治技术的探索，制定相关战略规划。社会型政策对于环境治理的评价及相关的信息公开行为均行之有效，而排污费征收、减排专项资金设立等激励型经济政策对防治大气污染同样具有一定效果。在本阶段，防治理念较之前两个阶段已呈现显著变化，有全新理论用于支持环保政策的制定。例如，"科学发展观"在 2003 年被正式提出，该发展观认为人与自然应和谐相处，在发展经济时协调做好环境保护工作。国内的环保与污染防治意识得到大幅提升。因大气污染防治是环境保护工作的重要组成部分，是与国家经济发展道路相适应的必然选择，故我国大气污染的防治政策体系也呈现出愈加完善的态势，如"联防、联控、联治"机制的建立与推广，对全国排污总量控制产生了切实效用。不过，因大气污染受多重环境因素影响，其防治速度与我国工业化、城镇化进程相比仍存在明显差距，故此阶段环境、空气质量并无显著上升。此阶段政策仍存在偏向控制一次污染物排放总量的局限性，暂无针对工业、城镇化发展所实施的污染物多样化防治措施，在协同管治多重污染物及污染源方面还存在一定缺陷。

4. 第四阶段：多元合作倡导下的网络防治

自 2010 年开始，大气污染防治政策体系进入完善阶段。在这一阶段，虽然我国大气污染问题已向污染源多样、区域复合转变，且发展与治理的矛盾愈加突出，但我国也因此进一步加强了相关政策出台的密集度，治理政策更偏向于跨行业与区域合作。改变之前由政府主导的治理方式向多元合作转型，政策目标则由总量减排向空气质量改善转变，建立多种污染物及污染源的协同管控机制。例如，在本阶段出台的《大气污染防治行动计划》有效改变了区域各自治理污染的情况，加强了立法与执法力度，保证了政策实施的有效性，推动与实现了公共参与的监督制度，且环境考核公示、信息共享和监督举报等制度也得以逐步试点。但需明确，虽科学认知、管控力度的加强有效改善了我国 2014 年以来的空气质量，但总体情况与预期仍存在差距，需进一步重视大气污染的综合防治收益与成本问题，地方政府治理与市场机制中责任与权益的平衡困境依旧亟须缓解。

由此可知，第四阶段的突出矛盾存在于大气环境与经济发展之间。大气污染防治是与国家经济、民生问题息息相关的重要工作，但其政策体系的建立健全，仍需非常长的时间进程，需各部门通力合作。就本阶段情况而言，《大气污染防治行动计划》的出台，在有效提升大批城市大气环境质量的同时，也成为了后续各类政策制定与实施的总规划、总纲领。同时，我国近期防治目标由总量控制向质量改善转变；防治对象由单一治理向多种污染源及污染物协同综合控制转变；区域"联防、联控、联治"机制逐渐建立。

第三节　中国大气污染防治重点城市政策的典型特征分析

一、中国大气污染防治重点城市政策的制度背景

为应对严峻的大气污染问题以及保护和改善生态环境，我国于 1987 年 9 月 5 日正式通过了《中华人民共和国大气污染防治法》，并于 1988 年 6 月 1 日起正式实施。但是由于大气污染问题的恶化趋势过快，且原有的 1987 年防治法中所规定的部分防治措施实施效果有限，使得我国于 1995 年和 2000 年两次修订《中华人民共和国大气污染防治法》，并在 2000 年 4 月 29 日正式发布的《中华人民共和国大气污染防治法（2000 修订）》中明确规定了国务院将按照城市总体规划、环境保护规划目标和城市大气环境质量状况，划定大气污染防治重点城市，其中第十七条明确规定了直辖市、省会城市、沿海开放城市和重点旅游城市应当列入大气污染防治重点城市。未达到大气环境质量标准的大气污染防治重点城市，应当按照国务院或者国务院环境保护行政主管部门规定的期限，达到大气环境质量标准[1]。此时，第一批大气污染防治重点城市的选取名单为 20 世纪 80 年代国务院划定的 47 个环保重点城市，按照修订案的规定，首批大气污染防治重点城市的大气质量必须限期达到大气污染质量标准，各个城市的人民政府应当根据其实际大气污染情况制定相应的限期达标规划[2]。

2002 年 12 月 2 日，原国家环境保护总局正式印发《大气污染防治重点城市划定方案》的通知，明确了在对 2000 年城市大气污染现状分析的基础上，通过

---

[1] 2000 年实施的《大气污染防治法》要求大气污染防治重点城市的人民政府应制定限期达标规划，并可根据国务院的授权或者规定，采取更加严格的措施，如大气污染防治重点城市人民政府可以在本辖区内划定禁止销售、使用国务院环境保护行政主管部门规定的高污染燃料的区域。该区域内的单位和个人应当在当地人民政府规定的期限内停止燃用高污染燃料，改用天然气、液化石油气、电或者其他清洁能源等，从而按期实现重点城市空气质量的达标规划。

[2] 需要说明的是，2000 年通过的《中华人民共和国大气污染防治法（2000 修订）》早在 1998 年下半年就由全国人大环资委开始了修订工作，因此，第一批 47 个大气污染防治重点城市名单的确定实际上在 1998 年就已完成，并在首批大气污染防治重点城市名单确定后就要求各个城市采取相应的措施实现大气污染质量限期达标。此外，在 1999 年的第九届全国人民代表大会常务委员会第十一次会议上正式发布了关于《中华人民共和国大气污染防治法（修订草案）》的说明，进一步强调了这部分重点城市可以通过自行划定禁煤区、改用清洁能源和限期停止煤炭的直接燃用等手段改善大气质量。因此，本书认为第一批大气污染防治重点城市的划定和政策实施其实是始于 1998 年。

对全国有大气环境质量监测数据的 338 个城市综合经济能力及环境污染现状的分析和有关省级人民政府同意 2005 年大气环境质量达标的承诺，重点选择《"两控区"酸雨和二氧化硫污染防治"十五"计划》中要求 2005 年达标的地级城市（即双控区城市）、目前大气环境质量超标但有望在 2005 年达标的城市[①]和一些急需加强保护的文化、旅游城市，合计新增 66 个大气污染防治重点城市（两批共计 113 个大气污染防治重点城市，具体城市名单如表 3-1 所示）。

表 3-1　两批中国大气污染防治重点城市名录

批次	第一批 47 个大气污染防治重点城市		第二批 66 个大气污染防治重点城市
省份/直辖市	43 个直辖市、省会城市、沿海开放城市和重点旅游城市	4 个经济特区城市	其他 66 个重点城市
直辖市	北京市、上海市、天津市、重庆市		
河北	石家庄市、秦皇岛市		唐山市、保定市、邯郸市
山西	太原市		长治市、临汾市、阳泉市、大同市
内蒙古	呼和浩特市		包头市、赤峰市
辽宁	沈阳市、大连市		鞍山市、抚顺市、本溪市、锦州市
吉林	长春市		吉林市
黑龙江	哈尔滨市		牡丹江市、齐齐哈尔市
江苏	南京市、苏州市、南通市、连云港市		无锡市、常州市、扬州市、徐州市、镇江市
浙江	杭州市、宁波市、温州市		绍兴市、湖州市
安徽	合肥市		马鞍山市、芜湖市
福建	福州市	厦门市	泉州市
江西	南昌市		九江市
山东	济南市、青岛市、烟台市		淄博市、泰安市、枣庄市、济宁市、潍坊市、日照市

---

① 依照《酸雨和二氧化硫污染防治"十五"计划》规定，到 2005 年，2000 年环境空气二氧化硫浓度已达三级标准的地级以上城市需要达到国家二级标准。因此，各城市在 2000 年是否已达到二氧化硫浓度环境空气质量二级标准也是城市被评为大气污染防治重点城市的重要标准之一。依据 2000 年数据，本书发现已有 119 个城市（含县级市）达到二氧化硫浓度环境空气质量二级标准，具体城市名录见附表 1-1。

批次	第一批 47 个大气污染防治重点城市		第二批 66 个大气污染防治重点城市
省份/直辖市	43 个直辖市、省会城市、沿海开放城市和重点旅游城市	4 个经济特区城市	其他 66 个重点城市
河南	郑州市		洛阳市、安阳市、焦作市、开封市、平顶山、三门峡市
湖北	武汉市		荆州市、宜昌市
湖南	长沙市		岳阳市、湘潭市、张家界市、株洲市、常德市
广东	广州市、湛江市	深圳市、珠海市、汕头市	韶关市
广西	南宁市、桂林市、北海市		柳州市
海南	海口市		
四川	成都市		绵阳市、攀枝花市、泸州市、宜宾市、自贡市、德阳市、南充市
贵州	贵阳市		遵义市
云南	昆明市		曲靖市、玉溪市
西藏	拉萨市		
陕西	西安市		咸阳市、延安市、宝鸡市、铜川市、渭南市
甘肃	兰州市		金昌市
青海	西宁市		
宁夏	银川市		石嘴山市
新疆	乌鲁木齐市		克拉玛依市

此外，表 3-2 还列出了我国 1998 年实施的第一批 47 个和 2003 年实施的第二批 66 个大气污染防治重点城市的分布情况。按照城市类型来看，第一批大气污染防治重点城市中属于双控区城市的有 38 个，第二批大气污染防治重点城市中属于双控区城市的有 56 个。此外，两批大气污染防治重点城市中，第一批重点城市里有 25 个属于国家历史文化名城，第二批重点城市里有 24 个属于国家历史文化名城。同时，两批重点城市在入选大气污染防治重点城市当年的空气质量达到二级标准的城市分别为 31 个和 29 个。按照城市的人口规模特征来看，本书

发现大气污染防治重点城市的分布主要集中在 100 万人口以上的 II 型大城市，这也印证了前文背景介绍中提到的城市人口规模特征也是入选重点城市的标准之一。具体来看，第一批 47 个重点城市里，有 3 个城市为人口规模超过 1000 万人的超大城市，有 23 个城市的人口规模在 500 万 ~1000 万人，有 7 个城市的人口规模在 300 万~500 万人，另有 10 个城市的人口规模在 100 万~300 万人，人口规模在 100 万人以下的仅有 4 个城市。第二批 66 个重点城市里，有 1 个城市为人口规模超过 1000 万人的超大城市，有 19 个城市的人口规模在 500 万 ~1000 万人，有 24 个城市的人口规模在 300 万~500 万人，另有 18 个城市的人口规模在 100 万~300 万人，人口规模在 100 万人以下的有 4 个城市。按照地理位置划分来看，两批大气污染防治重点城市中属于沿海岸区的分别有 28 个和 23 个，属于中部地区的分别有 9 个和 25 个，属于西部地区的分别有 10 个和 18 个。按照大气污染防治重点城市所属省份来看，江苏省和山东省的大气污染防治重点城市数量最多，其省域内都有 9 个城市入选为防治重点城市。

表 3-2　第一批和第二批大气污染防治重点城市分布情况　　单位：个

年份	1998	2003
新增大气污染防治重点城市	47	66
按城市类型划分		
双控区城市（酸雨控制区和二氧化硫污染控制区）	38	56
国家历史文化名城	25	24
空气质量二级达标城市	31	29
按人口规模划分		
超大城市（>10000000）	3	1
特大城市（5000000~10000000）	23	19
I 型大城市（3000000~5000000）	7	24
II 型大城市（1000000~3000000）	10	18
中等城市（500000~1000000）	3	2
I 型小城市（200000~500000）	1	2
II -型小城市（<200000）	—	—
按地理位置划分		
沿海岸区	28	23
中部地区	9	25

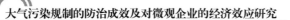

续表

年份	1998	2003
西部地区	10	18

注：按 2014 年 "城市规划法" 新标准规定，城区人口 1000 万以上为超大城市，500 万至 1000 万为特大城市，100 万至 500 万为大城市（其中，300 万至 500 万为 I 型大城市，100 万至 300 万为 II 型大城市），50 万至 100 万为中等城市，50 万以下为小城市（其中，20 万至 50 万为 I 型小城市，20 万以下为 II 型小城市）。此外，沿海岸区包括辽宁省、北京市、天津市、河北省、山东省、江苏省、上海市、浙江省、福建省、广东省、广西壮族自治区和海南省；中部地区包括黑龙江省、吉林省、内蒙古自治区、山西省、河南省、安徽省、湖北省、湖南省和江西省；西部地区包括陕西省、甘肃省、宁夏回族自治区、青海省、新疆维吾尔自治区、贵州省、云南省、重庆市、四川省和西藏自治区。

二、大气污染防治重点城市政策的污染治理措施和防治效果

针对已设立的大气污染防治重点城市，我国于 2003 年 1 月 6 日正式出台了《关于大气污染防治重点城市限期达标工作的通知》。通知中对所有大气污染防治重点城市提出 "应加快城市能源结构调整、减少城市原煤消费（通过推广清洁能源、划定高污染性燃料禁燃区等方式）并发展洁净煤使用技术、促进热电联产与集中供热发展、推行清洁生产、强化机动车污染排放监督管理、控制城市建筑工地与道路运输中的扬尘污染、提高城市绿化水平（最大限度减少裸露地面）、降低城市大气环境中悬浮颗粒物浓度" 等措施改善城市空气质量，并由国家环保总局等部门对以上措施的落地与实施进行有效监督检查。具体的大气污染防治措施如图 3-2 所示。

分析中国大气污染防治重点城市政策的防治效果，本部分内容仅围绕城市工业 SO_2 排放强度（即城市单位工业总产值的 SO_2 排放量）和 PM2.5 浓度做简要的政策减污效果和空气污染治理效果的相关讨论。同时，由于第一批 47 个重点城市的选择和实施是在 1998 年，而 1998 年之前的城市数据和企业数据获取较为困难，所以本书在后续内容中均未考虑第一批 1998 年划定实施 47 个大气污染防治重点城市的研究样本。因此在结合数据可获得性和连续性的基础上，本章的研究数据为 1998~2012 年中国剩余的 216 个城市（含第二批 66 个大气污染防治重点城市和非重点城市）样本数据。本部分对大气污染防治重点城市的污染治理效应进行事实检验，分别得出重点城市和非重点城市在样本研究期间（1998~2012 年）的城市工业 SO_2 排放强度和城市 PM2.5 浓度的均值变化趋势图，具体如图 3-3 和图 3-4 所示。

可以发现，对于城市 SO_2 排放强度而言，在 2003 年实施大气污染防治重点城

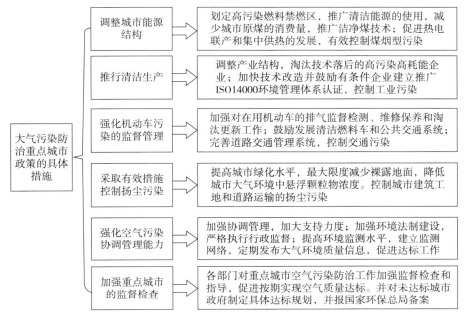

图 3-2　中国大气污染防治重点城市政策的具体防治措施

市政策后，重点城市 SO_2 排放强度与非重点城市 SO_2 排放强度之间的差值迅速减小，可以初步表明大气污染防治重点城市政策实施后对重点城市的工业 SO_2 排放强度起到一定的改善作用。从图 3-5 中城市 PM2.5 浓度的变化趋势来看，在 2003 年政策未实施之前，大气污染防治重点城市的 PM2.5 浓度基本均高于非重点城市的 PM2.5 浓度，而在实施大气污染防治重点城市政策后，重点城市的 PM2.5 浓度开始低于非重点城市的 PM2.5 浓度，并且两者的差距在不断加大。由此表明，大气污染防治重点城市政策实施后对重点城市的 PM2.5 浓度也起到了一定的积极作用。因此，以上特征性事实初步证明了 2003 年实施的大气污染防治重点城市政策对于城市污染治理具有显著的正向作用。

三、大气污染防治重点城市政策的典型性讨论

前文部分介绍到大气污染防治重点城市政策的实施拉开了我国重点城市空气污染治理的序幕，在短期内为城市空气污染治理提出了明确目标，并进行了一系列防治措施的指导。因此，以大气防治重点政策的实施为研究对象，是我国政府空气污染治理的一个典型阶段特征的反映，能够为后续关于大气污染防治政策的制定和实施提供经验证据。具体来看，本书讨论大气污染防治重点城市政策的环境和经济效应主要体现两个典型特征。

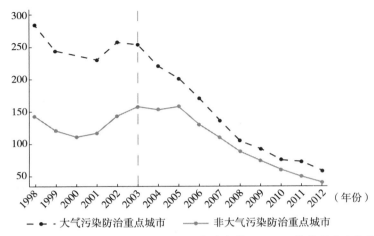

图 3-3　大气污染防治重点城市和非重点城市的工业 SO₂ 排放强度变化趋势

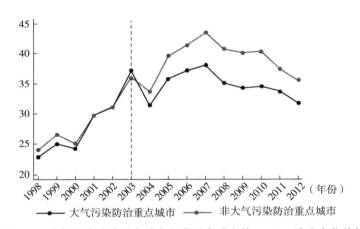

图 3-4　大气污染防治重点城市和非重点城市的 PM2.5 浓度变化趋势

　　第一，大气污染防治重点城市是我国实施较早的一项典型的命令控制型环境规制政策，是由国家政府直接划定了一批重点城市进行大气污染的防治监控，并采取多项措施对重点区域工业生产过程和环境治理采取管控建议和防治效果监督。传统的政府干预经济理论认为，由于外部性的内部化无法依靠市场机制实现，政府拥有完全信息，因此命令控制政策在解决环境外部性方面是有效的。从中国经济发展进程来看，政府也确实比较倾向于使用类似于对经济主体设定具体排放指标，超额排放将遭受重罚甚至关停的命令控制型环境政策工具，因此在很长一段时间内，命令控制型环境政策一直是中国进行环境管理的主要政策工具。

但是目前关于命令控制型环境政策的环境经济效应仍无定论：一方面，有学者指出命令控制型环境规制对工业化国家环境改善发挥了重大作用（Taylor et al.，2019；崔广慧和姜英兵，2019b；宋弘等，2019）。另一方面，也有学者指出命令—控制机制在国外实践中已展示出在环境改善、技术创新等方面的积极作用，但在成本控制等方面表现却不尽理想（邓慧慧和杨露鑫，2019；冯阔等，2019；张彩云，2019）。因此，本书关于大气污染防治重点城市政策的讨论可以被视作对命令控制型环境规制政策的环境与经济效应的进一步深入研究。

第二，大气污染防治重点城市政策实施力度大，空气污染防治效果显著，以此为准自然实验的研究结论可靠性较强。目前国内外较多文献都会选择使用准自然实验的方法讨论某项环境规制政策的环境或经济效应，但现有研究具有的一个较大质疑是面对某些实施力度较低的政策或者说可能并未真实立刻采取有效规制手段的政策而言，也都往往会被学者们证实具有较强显著的影响。这可能是受到方法或数据本身的影响，导致产生了可能存在偏误的研究结论。本研究的准自然实验研究对象是2003年实施的大气污染防治重点城市政策，该政策在实施后由中央政府强制对各重点城市的空气质量进行限期达标考核，因此重点城市采取了一系列诸如调整城市能源使用结构，减少能源消耗量，推进清洁生产方式等手段。并通过前文的分析初步证明了大气污染防治重点城市政策具有较为显著的环境减污和空气质量改善的效果。因此，本书以大气污染防治重点城市政策作为外生环境规制冲击，在准自然实验的框架中通过合理运用DID方法和城市面板数据与工业企业数据库，从宏观城市和微观企业层面系统考察了大气环境规制的环境与经济效应，能够较好地消除内生性问题的影响，保证本研究实证结果的可靠性。

第四节　我国城市空气污染的历史变化趋势和现状分析

在城市空气污染指标的选取上，本部分主要选择1998～2016年的城市PM2.5浓度和SO_2排放量两个指标进行历史变化趋势分析。其中，城市SO_2排列量数据来自于《中国城市统计年鉴》和各省份的统计年鉴。但由于我国的PM2.5污染数据是从2013年以后正式发布的，因此本部分采用由哥伦比亚大学社会经济数据和应用中心公布的全球卫星PM2.5浓度年均值的栅格数据解析所得中国地级市年均PM2.5浓度数值作为城市PM2.5污染的衡量指标（Van Donkelaar et al.，2018）。相对于地面监测站数据，卫星数据固然存在由于气象因素干扰造成准确程度略低于地面实际监测数据的短板，但卫星面源数据相对于地面监测站数据而言，优势在于能够更为准确、全貌性地对一个地区的PM2.5浓度及其变化趋势予以反映，其更能够胜任本部分我国PM2.5污染历史变化问题的研究工作（邵帅等，2016）。在后文分析我国城市空气污染的现状时，则采用的是2013年10月28日至2017年12月30日全国366个城市的日度PM2.5浓度数据，并对我国PM2.5污染的现状分别进行年度变化、季度变化、月度变化、日度变化和空间变化趋势分析。

一、我国城市PM2.5和SO₂污染历史区域变动

1. 我国PM2.5浓度污染的历史变化趋势分析

从全国PM2.5浓度整体变化趋势来看，如图3-6所示，在1998~2003年，我国PM2.5浓度污染恶化趋势较为明显，但在2003年我国实施了大气污染防治重点城市政策后，全国PM2.5浓度由2003年的34.46μg/m³下降至2004年的31.13μg/m³，短期内呈现出显著的下降趋势，这也反映出大气污染防治重点城市政策在2003年实施后的空气污染治理效应较好。2004~2012年，我国PM2.5浓度污染变化趋势相对较稳定，但在2013年以后我国空气质量急剧恶化，并于2013年初全国出现了大量城市雾霾"爆表"现象。因此，我国从2013年以后将大气污染的治理和防治提升到新的高度，相继出台多项政策（如"大气十条"政策、"2+26"重点城市政策和区域大气污染联防联控政策等）防止空气污染不断恶化的趋势，并于2016年再次实现了PM2.5浓度下降，全国平均PM2.5浓度下降了5.27μg/m³。

此外，本书依据我国经济发展特点将全国分为四大经济分区，分别为东北地区、东部地区、中部地区和西部地区[①]。由图3-7可以发现，从经济分区上来看，1998~2016年在经济更为发达的东部地区和中部地区的区域PM2.5浓度显著高于全国平均值33.68μg/m³，而经济较为落后的东北地区PM2.5历史浓度平均值为28.68μg/m³，西部地区PM2.5历史浓度平均值为25.98μg/m³，显著低于全国平均水平。这也说明了中国地区经济的快速发展往往会伴随着高能耗和高污染，因此需要更加注意环境污染的防治，实现地区经济的可持续绿色发展。将我

---

① 四大经济分区划分标准：东北地区主要包括吉林省、辽宁省、黑龙江省以及内蒙古自治区东部的呼伦贝尔市、兴安盟、赤峰市、通辽市和锡林郭勒盟；东部地区包括北京市、天津市、河北省、江苏省、山东省、福建省、上海市、广东省、浙江省、海南省；中部地区包括河南省、山西省、湖北省、湖南省、安徽省和江西省；西部地区包括重庆市、广西壮族自治区、四川省、云南省、贵州省、甘肃省、陕西省、青海省、内蒙古自治区西部、新疆维吾尔自治区、宁夏回族自治区、西藏自治区。

国按照地理位置分为华北、东北、华东、华中、华南、西南和西北七大地理分区[①]后发现，我国 PM2.5 历史年均浓度值最高的三个区域分别为华中地区 43.74μg/m³、华东地区 42.29μg/m³ 和华北地区 35.35μg/m³，PM2.5 污染浓度最低的三个区域分别为西北地区 22.21μg/m³、华南地区 28.32μg/m³ 和西南地区 28.34μg/m³。其中华东地区在 2015 年以后开始超过华中地区成为我国 PM2.5 污染浓度最高的区域。

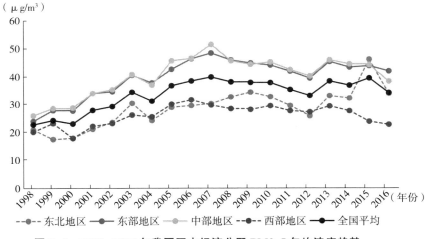

图3-5　1998~2016 年我国四大经济分区 PM2.5 年均浓度趋势

2. 我国 SO₂ 污染排放量的历史变化趋势分析

从全国 SO₂ 排放量整体变化趋势来看，在 1998~2005 年我国 SO₂ 排放量呈现不断上升趋势，并于 2005 年达到排放顶点 68410.8 吨。但 2006 年开始实施的"十一五"规划中明确规定了各省份的减排目标和具体减排措施，并将减排任务与各省政务考察相结合后，全国各个地区的 SO₂ 排放量开始不断减少。直至 2011 年出现短暂上升后，又呈大幅下降趋势，直至降到 2016 年最低点的全国平均 26924.4 吨。说明了我国在控制 SO₂ 排放量减排方面成效显著，经济发展过程中不断革新的生产方式和能源利用率的提升有利于减少 SO₂ 排放。具体到全国各个区域来看（见图3-7），东部地区和西部地区的 SO₂ 排放量显著高于全国平均水

①　七大地理分区划分标准：华北地区包括北京市、天津市、河北省、山西省和内蒙古自治区；东北地区为黑龙江省、吉林省和辽宁省；华东地区包括上海市、浙江省、福建省、山东省、江苏省、江西省、安徽省和台湾省；华中地区包括湖北省、湖南省和河南省；华南地区包括广东省、海南省、广西壮族自治区、香港特别行政区和澳门特别行政区；西南地区包括云南省、重庆市、贵州省、四川省和西藏自治区；西北地区包括青海省、陕西省、宁夏回族自治区、甘肃省和新疆维吾尔自治区。

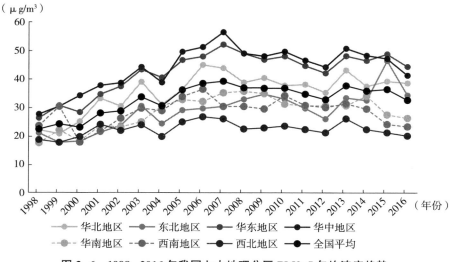

图 3-6   1998~2016 年我国七大地理分区 PM2.5 年均浓度趋势

平，其中东部地区是由于快速发展的工业化进程中带来了大量的 SO_2 排放，而西部地区的高排放更多是由于低能源利用效率以及污染企业转移到西部地区导致的高额 SO_2 排放量。从地理分区来看，华北地区是我国 SO_2 排放量最高的区域，在1998~2016 年平均 SO_2 排放量高达 94701.3 吨，而华南地区是我国 SO_2 排放量最低的区域，在 1998~2016 年平均 SO_2 排放量为 35944 吨。

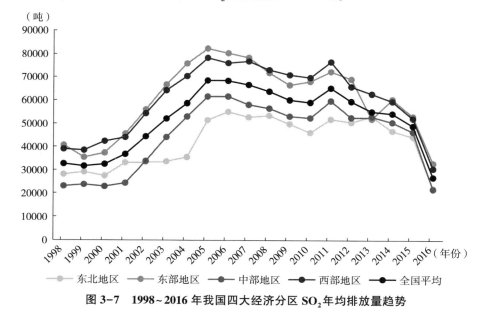

图 3-7   1998~2016 年我国四大经济分区 SO_2 年均排放量趋势

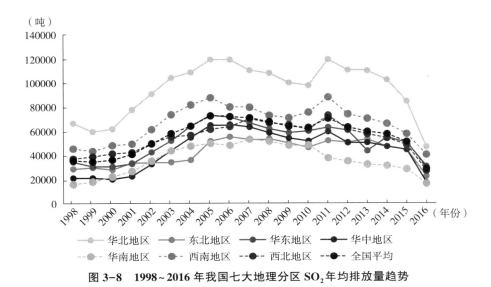

图 3-8　1998～2016 年我国七大地理分区 SO_2 年均排放量趋势

二、基于空气检测站点日度数据的我国城市 PM2.5 污染现状分析

本部分收集了 2013 年 10 月 28 日至 2017 年 12 月 30 日全国 366 个城市的日度 PM2.5 浓度数据，数据来源于中国环境监测总站公布的空气监测站点数据①，该数据库近年来逐渐开始被国内学者展开使用（姜磊等，2018）。为了便于展开分析，本书选择将研究时间限定为 2014 年 1 月 1 日至 2017 年 12 月 30 日，并分别从 2014～2017 年的 PM2.5 浓度年度变化趋势、季度变化趋势、月度变化趋势、日度变化趋势和空间变化趋势展开综合现状分析。

1. 2014～2017 年全国 PM2.5 年度变化趋势分析

根据 2014～2017 年的 PM2.5 浓度检测数据发现，2014～2017 年，我国平均 PM2.5 浓度呈不断下降的趋势。具体来看，2014 年全国 PM2.5 的污染浓度是 58.25μg/m³，2015 年全国 PM2.5 的污染浓度是 47.85μg/m³，2016 年全国 PM2.5 的污染浓度是 44.05μg/m³，2017 年全国 PM2.5 的污染浓度是 41.89μg/m³，期间的下降幅度高达 28.09%。图 3-9 是我国 2014～2017 年的日均 PM2.5 浓度的核密度图，由图 3-9 可知，日均 PM2.5 浓度的核密度曲线在 2014～2017 年呈现整体左移的趋势，且波峰在不断上升。这也说明了我国城市 PM2.5 污染日均浓度值

---

①　数据来源详见：http：//www.cnemc.cn/。

在逐年下降，空气质量较优的天数也在不断增加。依据我国《环境空气质量标准》①，本书发现 2014 年后我国城市 PM2.5 污染对于空气质量等级在良（35～75μg/m³）的范围内的改善程度较大，同时对于 PM2.5 质量达到优（0～35μg/m³）等级的天数也在不断上升。此外，对于日均 PM2.5 浓度属于重度污染及以上等级（>115μg/m³）的改善效果也较为明显，尤其是从图 3-9 的右尾部分可以看出 PM2.5 重度污染及以上的出现频率在不断降低，说明我国城市 PM2.5 污染的治理效果较为显著。

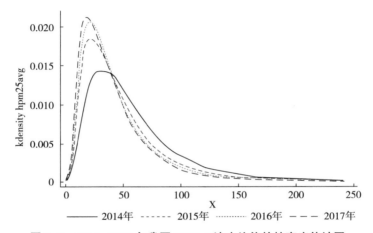

图 3-9　2014～2017 年我国 PM2.5 浓度均值的核密度估计图

2. 2014～2017 年全国 PM2.5 季度变化趋势分析

根据我国气象特点，将每年的 3～5 月设定为春季，6～8 月设定为夏季，9～11 月设定为秋季，12～2 月设定为冬季，2014～2017 年每年不同季节的 PM2.5 浓度均值变化趋势如图 3-10 所示。全国 PM2.5 污染季度平均值在每年的冬季达到最高点，在夏季时达到最低点，基本呈现出了冬季高夏季低，同时春夏季处于居中的典型变化特征。这主要是由于我国冬季大量燃煤取暖以及植被稀疏的特点导致 PM2.5 浓度急剧上升，而夏季则由于较高的降水量、有利的气象挥散条件以及更多的植被覆盖使得空气中的颗粒物能够得到更快稀释。这也从侧面说明了我国雾霾污染治理的难点在每年的秋冬季节。此外，结合我国 2014～2017 年每年不同季节的 PM2.5 浓度变化特点来看，可以发现全国 PM2.5 污染季度平均值在

---

① 我国《环境空气质量标准》明确对 PM2.5 的等级进行了分类，当 PM2.5 浓度值为 0～35μg/m³ 时，等级为优；PM2.5 浓度值为 35～75μg/m³ 时为良；75～115μg/m³ 等级为轻度污染；115～150μg/m³ 等级为重度污染；150～250μg/m³ 等级为重度污染；当 PM2.5 浓度值大于 250μg/m³ 时属于严重污染等级。

春季到夏季之间呈显著的下降趋势，但在每年入秋并且进入冬季后PM2.5的污染浓度值大幅上升。具体来看，2014年春季PM2.5浓度均值为57.92μg/m³，至夏季下降为43.53μg/m³，下降幅度为24.84%。在经过秋季至冬季后，PM2.5浓度均值上升至82.79μg/m³，较夏季PM2.5浓度均值上升了39.26μg/m³；2015年春季PM2.5浓度均值为45.66μg/m³，至夏季下降为33.92μg/m³，下降幅度为25.71%。在经过秋季至冬季后，PM2.5浓度均值上升至71.89μg/m³，较夏季PM2.5浓度均值上升了37.97μg/m³；2016年春季PM2.5浓度均值为44.22μg/m³，至夏季下降为28.26μg/m³，下降幅度为36.09%。在经过秋季至冬季后，PM2.5浓度均值上升至65.29μg/m³，较夏季PM2.5浓度均值上升了37.03μg/m³；2017年春季PM2.5浓度均值为40.95μg/m³，至夏季下降为26.14μg/m³，下降幅度为36.17%。在经过秋季至冬季后，PM2.5浓度均值上升至65.93μg/m³，较夏季PM2.5浓度均值上升了39.79μg/m³。

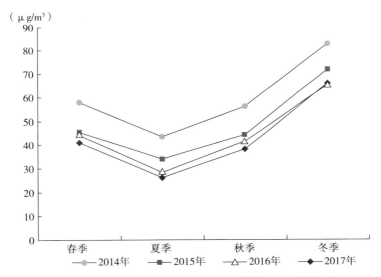

图3-10　2014～2017年我国PM2.5浓度的季度均值分布

3. 2014～2017年全国PM2.5月度变化趋势分析

图3-11是2014～2017年全国PM2.5浓度月度平均值的趋势图，可以发现全国PM2.5浓度呈现着波动变化，但总体上呈不断下降的趋势。其中2014年1月我国的PM2.5浓度均值为104.48μg/m³，至2017年12月我国PM2.5浓度下降41.83μg/m³至62.65μg/m³，降幅达到了40.04%，说明我国空气污染治理效果较为显著。同时，本书发现2014～2017年全国PM2.5月度均值的最高点集中在每

年的 1 月和 12 月。其中，2014 年全国 PM2.5 月度均值最高的月份为 1 月，PM2.5 浓度值为 104.48μg/m³；2015 年全国 PM2.5 月度均值最高的月份同样也为 1 月，PM2.5 浓度值为 78.23μg/m³；2016 年全国 PM2.5 月度均值最高的月份为 12 月，PM2.5 浓度值为 73.99μg/m³；2017 年全国 PM2.5 月度均值最高的月份为 1 月，PM2.5 浓度值为 74.5μg/m³。可以发现，我国每一年的月度 PM2.5 最高值在不断下降，说明空气污染"爆表"现象得到了明显改善，尤其是对于极端污染天气的治理起到显著效果。此外，PM2.5 月度空气质量达到优级（<35μg/m³）的月份也从 2014 年的 0 个月变为 2015 年、2016 年和 2017 年的 4 个月，说明我国 PM2.5 的达优率也在不断上升。

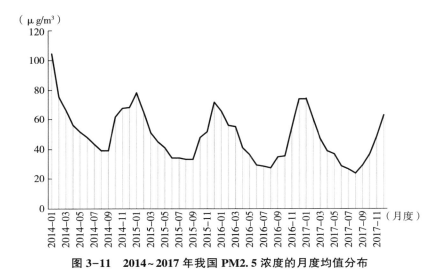

图 3-11　2014～2017 年我国 PM2.5 浓度的月度均值分布

4. 2014～2017 年全国 PM2.5 日度变化趋势分析

图 3-12 为 2014～2017 年我国 PM2.5 日均浓度值的变化趋势图，该图的变化趋势基本与 PM2.5 浓度的月度均值分布图（见图 3-11）趋势保持一致。因此，本书进一步根据全国 PM2.5 浓度的每日平均值计算出不同 PM2.5 污染等级下的天数占全年的比例，如图 3-13 所示。可以明显发现，2014～2017 年，全国 PM2.5 日均浓度等级达优的天数在不断上升，而且空气质量处于轻度污染及以上的天数也在不断减少，说明我国在这段时间内的雾霾污染治理成效较为明显，尤其是对日均 PM2.5 污染浓度由良转优、由污染转向非污染的变化趋势较为突出。具体来看，2014 年全国 PM2.5 日均浓度值达优天数为 23 天、等级为良的天数为 263 天、轻度污染 64 天、中度污染 10 天以及重度污染 1 天，分别占 2014 年全年

的 6.37%、72.85%、17.73%、2.77% 和 0.28%；2015 年全国 PM2.5 日均浓度值达优天数为 97 天、等级为良的天数为 225 天、轻度污染 42 天和中度污染 1 天，分别占 2015 年全年的 26.58%、61.64%、11.51% 和 0.27%；2016 年全国 PM2.5 日均浓度值达优天数为 147 天、等级为良的天数为 193 天、轻度污染 24 天和中度污染 1 天，分别占 2016 年全年比例的 40.27%、52.88%、6.58 和 0.27%；2017 年全国 PM2.5 日均浓度值达优天数为 160 天、等级为良的天数为 180 天以及轻度污染 23 天，分别占 2017 年全年比例的 44.08%、49.59% 和 6.33%。全国 PM2.5 日均浓度值达优天数增加了 137 天，轻度污染及以上的天数减少了 52 天。

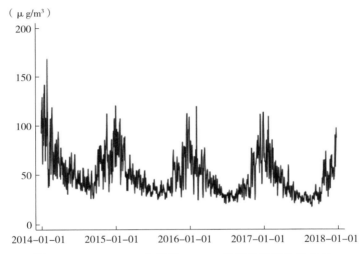

图 3-12　2014~2017 年我国 PM2.5 浓度的日度均值分布

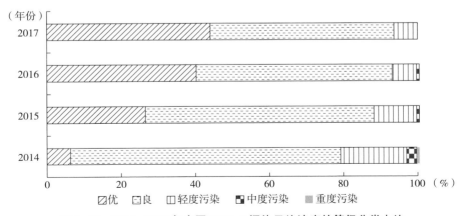

图 3-13　2014~2017 年全国 PM2.5 污染日均浓度的等级分类占比

5. 2014 年以来我国 PM2.5 污染的空间变化特征

本部分进一步使用 ArcGis10.2 软件绘制出 2014～2017 年我国城市 PM2.5 污染的空间分布图（图略），分析 2014 年以来我国 PM2.5 污染的城市空间变化的具体特征，并将 PM2.5 依据等级分类将全国所有城市的 PM2.5 污染分为 5 个不同等级。结果显示，2014 年有空气检测站点数据的所有城市 PM2.5 污染最严重的区域为华北地区，部分华北地区的城市甚至全年平均 PM2.5 浓度处于中度污染水平，且仅有少部分城市的年平均 PM2.5 浓度处于优级；但随着我国政府空气污染治理的重视程度不断加大，以及若干大气治理政策的出台，从 2015 年开始可以发现处于 PM2.5 污染轻度及以上水平的城市在逐渐减少，长三角地区的部分城市 PM2.5 污染由 2014 年的轻度污染转为良，京津冀地区的 PM2.5 污染程度也开始有所减缓；2016 年较为显著的变化为西北地区和东北地区的空气污染治理成效显著，该区域内更多的城市 PM2.5 浓度全年平均水平达到优级，且京津冀城市群的 PM2.5 浓度在进一步改善，轻度污染的城市范围在不断地缩小；2017 年 PM2.5 浓度空间分布图可以直观地反映出我国空气污染治理的成效，除了新疆维吾尔自治区部分地区（例如喀什）受特定的地形（西高东低，三面环山）、能源利用率低和沙尘因素的影响 PM2.5 浓度污染较大之外，其余城市 PM2.5 浓度处于轻度污染的范围不断缩小，且总体上我国所有城市的 PM2.5 污染处于良级或者优级水平。进一步结合全国所有城市以及 113 个大气污染防治重点城市在 2014～2017 年的平均 PM2.5 浓度的空间分布图可以发现，我国 PM2.5 污染总体上呈现着空间集聚的特点，这也体现了当前我国政府大力开展区域间大气污染联防联控的重要性。另外，可以直观地发现 113 个重点城市的 PM2.5 污染要显著高于全国平均水平，这反映出我国大气污染治理仍然需要抓重点城市和典型重污染区域的 PM2.5 污染治理。

三、我国大气污染防治重点城市的 PM2.5 污染现状分析

本部分进一步分析了全国 113 个大气污染防治重点城市的 PM2.5 污染日度变化趋势。如图 3-14 所示，113 个重点城市的 PM2.5 污染变化趋势基本上与图 3-12 的全国平均趋势保持一致，但可以明显发现 113 个重点城市的 PM2.5 浓度处于污染的天数高于全国平均水平，污染峰值的高度高于同期全国的平均水平。经计算，2014～2017 年 113 个重点城市的 PM2.5 污染浓度平均值为 52.52μg/m³，而全国平均值为 47.52μg/m³，说明了 113 个重点城市的 PM2.5 污染水平仍然较高，需要进一步加强对重点城市的雾霾治理。

此外，计算出全国 113 个大气污染防治重点城市在这期间的 PM2.5 浓度均

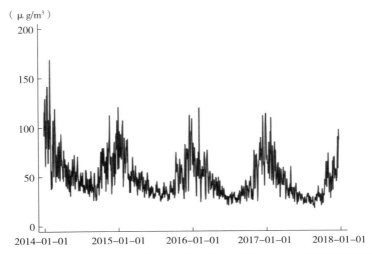

图 3-14 2014~2017 年我国大气污染防治重点城市 PM2.5 日度均值分布

值如表 3-3 所示。可以发现，PM2.5 污染浓度均值排名前六位的分别是保定市、石家庄市、邯郸市、安阳市、郑州市和唐山市，分别为 95.51μg/m³、89.96μg/m³、88.94μg/m³、83.94μg/m³、80.07μg/m³ 和 79.81μg/m³，同时北京和天津的 PM2.5 污染浓度均值为 70.88μg/m³ 和 70.84μg/m³，分列全国 PM2.5 污染浓度第 16 位和第 17 位；广东省的大气污染防治重点城市的 PM2.5 污染浓度均值基本位于所有 113 个重点城市的排名末端。以上结果一方面说明我国京津冀地区的城市空气污染治理仍然充满挑战，PM2.5 防治重点区域有待进一步加强联防联控。另一方面，华北地区尤其是京津冀地区需要借鉴学习华南地区的大气污染防治经验，在实现地区经济快速发展的同时，保证地区大气环境的绿色发展。

表 3-3 2014~2017 年我国 113 个大气污染防治重点城市 PM2.5 浓度均值

单位：μg/m³

城市	PM2.5 均值	城市	PM2.5 均值	城市	PM2.5 均值	城市	PM2.5 均值
北京市	70.88	常州市	53.79	日照市	56.80	成都市	60.70
天津市	70.84	苏州市	52.22	临沂市	72.79	攀枝花市	33.11
石家庄市	89.96	南通市	50.26	郑州市	80.07	泸州市	59.31
唐山市	79.81	连云港市	49.03	开封市	71.79	绵阳市	49.09
秦皇岛市	48.22	扬州市	55.36	洛阳市	71.55	宜宾市	58.40
邯郸市	88.94	镇江市	57.17	平顶山市	78.09	贵阳市	36.91
保定市	95.51	杭州市	50.68	安阳市	83.94	遵义市	43.08

续表

城市	PM2.5 均值	城市	PM2.5 均值	城市	PM2.5 均值	城市	PM2.5 均值
太原市	63.10	宁波市	40.51	焦作市	78.96	昆明市	27.93
临汾市	66.29	温州市	40.82	武汉市	63.81	曲靖市	30.38
阳泉市	61.66	嘉兴市	47.86	宜昌市	69.53	玉溪市	24.63
长治市	64.64	湖州市	59.35	荆州市	68.10	拉萨市	22.99
呼和浩特市	41.75	绍兴市	50.13	长沙市	59.23	西安市	66.57
包头市	47.37	台州市	38.45	株洲市	55.69	铜川市	56.71
赤峰市	38.87	合肥市	63.66	湘潭市	56.98	宝鸡市	58.98
沈阳市	59.24	芜湖市	55.59	岳阳市	50.79	咸阳市	69.54
大连市	42.09	马鞍山市	56.17	常德市	54.48	延安市	43.06
鞍山市	57.43	福州市	27.49	张家界市	47.42	兰州市	50.51
抚顺市	48.57	厦门市	29.13	广州市	38.21	金昌市	33.11
本溪市	47.11	泉州市	27.00	韶关市	37.54	西宁市	48.81
锦州市	55.65	南昌市	42.84	深圳市	28.59	银川市	46.60
长春市	53.32	吉安市	45.84	珠海市	29.41	石嘴山市	48.25
吉林市	49.37	济南市	77.73	汕头市	31.83	乌鲁木齐市	69.14
哈尔滨市	58.09	青岛市	46.35	湛江市	27.16	克拉玛依市	32.37
齐齐哈尔市	36.03	淄博市	79.11	南宁市	39.34	—	
大庆市	38.57	枣庄市	78.23	柳州市	50.26	—	
牡丹江市	43.65	烟台市	41.89	桂林市	48.53	—	
上海市	46.83	潍坊市	67.68	北海市	29.14	—	
南京市	53.94	济宁市	72.68	海口市	20.26	—	
无锡市	55.71	泰安市	66.57	三亚市	15.44	—	
徐州市	63.95	威海市	34.71	重庆市	52.85	—	

本章小结

　　本章首先对大气污染防治政策的概念进行了界定分析，并讨论了中国大气污染防治政策的三个典型特征。其次，梳理了中华人民共和国成立后我国关于空气污染防治的主要政策法规和相关条例，发现主要分为以下四个阶段：矛盾激化下的点源行政管制、市场机制引入下的总量防控、区域治理试点下的综合治理和多元合作倡导下的网络防治。通过对我国大气污染防治政策每一阶段的具体特点的阐述以及总体上我国大气污染防治政策的特点分析，有利于本书更好地把握不同阶段特征下，我国大气污染防治政策的具体特性。本章还讨论了中国大气污染防治重点城市政策的典型特征，分别介绍了中国大气污染防治重点城市政策的实施背景和具体防治措施，并对该政策的空气污染防治效果进行了简单的讨论，分析发现 2003 年实施的中国大气污染防治重点城市政策具有较为显著的环境减污和空气质量改善的实施效果。本章最后讨论了以大气污染防治重点城市政策为准自然实验展开分析的主要原因。本书认为该政策作为我国政府空气污染治理的一个典型阶段特征的反映，同时也是命令控制型环境规制政策的典型代表，研究该政策的环境经济效应能够为后续关于大气污染防治政策的制定和实施提供经验证据。同时，该政策具有强制性的实施特征和较强的政策实施力度，有利于本书在准自然实验的框架中进行实证分析，能够较好地消除内生性问题的影响，保证本研究实证结果的可靠性。

此外，本章还分析了我国城市空气污染的历史变化趋势与现状特征，以及大气污染防治重点城市的空气污染现状，有助于了解我国空气污染变化的真实情况和发展趋势，并为后文的研究分析奠定事实基础。本章通过分析讨论得出了四个主要结论。

第一，总体而言，我国城市 PM2.5 浓度在 2003 年之前恶化趋势明显，而在 2003 年大气污染防治重点城市政策实施以后开始保持相对较平稳的发展态势，但在 2013 年又重新开始恶化，随后我国政府颁布了一系列空气污染防治的政策法规，到 2016 年整体 PM2.5 浓度呈好转趋势。城市 SO_2 排放量在 2005 年之前均呈现不断上升的趋势，但 2006 开始实施的"十一五"规划中明确规定了各省份的减排目标和具体减排措施，并将减排任务与各省政务考察相结合后，全国各个地区的 SO_2 排放量开始不断减少。以上关于城市 PM2.5 浓度和 SO_2 排放量的历史变化趋势说明了我国政府实施的以行政命令主导的空气污染防治政策在控制防治大气污染方面具有较为显著的成效。

第二，从我国空气污染历史变化趋势的区域特征来看，发现经济更为发达的东部地区和中部地区的城市 PM2.5 污染更加严重，这也反映出了中国地区经济的快速发展往往会伴随着高能耗和高污染，因此需要更加注意环境污染的防治，实现地区经济的可持续绿色发展。此外，对于城市 SO_2 排放而言，研究发现东部地区和西部地区的 SO_2 排放量显著高于全国平均水平，其中东部地区是由于快速发展的工业化进程中带来了大量的 SO_2 排放，这与前文结论保持一致。但西部地区的高排放更多是由于低能源利用效率以及污染企业转移到西部地区导致的高额

SO_2排放量，因此，在大气污染防治的过程中还需要进一步考虑污染排放区域转移的问题，这也在一定程度上反映了经典的"污染天堂假说"。

第三，从我国城市空气污染近几年的发展变化现状来看，研究发现我国年均PM2.5浓度呈不断下降的趋势，说明我国城市 PM2.5 污染的治理具有一定的成效。同时，研究还发现我国城市 PM2.5 污染在每年的冬季最为严重，而在夏季时相对较缓和，总体上呈现了冬季高夏季低、春夏季处于居中的典型变化特征。这也从侧面反映出我国政府在治理城市空气污染时应将更多的重点和努力放在秋冬季节的大气污染防控上来。此外，研究还发现我国城市空气污染具有一定的空间集聚特征，这也进一步反映出政府目前在防治大气污染时重点采取的区域联防联控政策的科学性。

第四，进一步结合我国大气污染防治重点城市 PM2.5 污染显著高于全国平均水平的现象，表明我国大气污染治理仍然要着重关注重点城市和典型重污染区域 PM2.5 的防控与治理。同时，对于大气污染防治重点城市中污染较为严重的华北地区或者京津冀地区的城市还可以积极学习借鉴华南地区大气污染防治重点城市的防治经验和手段，从而努力实现经济发展和环境保护的双赢。

第四章
大气污染规制对城市
空气污染的防治成效研究

　　本书的实证分析部分共分为三个章节，本章节的研究目标是分析大气污染规制的防治成效研究，本章的研究结论可以从城市空气污染治理层面进一步论证中国大气污染防治重点城市政策的有效性，从而为后文分析大气污染规制的经济效应奠定研究基础。同时，在第三章已经通过绘制大气污染防治重点城市和非重点城市的工业 SO_2 排放强度和 PM2.5 浓度在政策实施前后的变化趋势图，简要地讨论了大气污染防治重点城市实施后的空气污染治理效果。通过主要空气污染物变化的特征性事实初步证明了 2003 年实施的大气污染防治重点城市政策对于城市污染治理具有显著的正向作用。本章则是对前文分析结论的进一步实证佐证，首先，通过对环境规制可能导致的"倒逼减排"和"绿色悖论"现象进行理论分析，提出大气污染规制影响城市空气污染治理的研究假说以及内在传导机制。其次，构建包含我国城市空气污染指标在内的 1998~2012 年城市面板数据集，创新性地使用考虑大气污染防治重点城市事前分组标准下的双重差分法拓展模型进行实证检验，并且就大气污染规制促进城市空气污染治理的政策效应大小进行了量化计算。再次，在实证分析部分检验了本章使用双重差分模型的有效性，并进行了动态效应检验、安慰剂检验和伪证检验等一系列稳健性检验。最后，对大气污染规制如何影响城市空气污染的内在传导机制以及大气污染规制对企业污染减排行为的影响进行了实证分析。

第一节　引　言

　　中国自改革开放以后城镇化推进速度不断加快，经济长期保持着高速发展的态势，人民生活水平以及生活幸福感也在不断提升。但中国经济在快速发展的同时也造成了不容忽视的地区环境损害，付出了巨大的环境代价，使得地区经济的发展与环境保护之间的矛盾越来越突出（洪大用，2012）。已有研究表明，中国受到空气环境污染影响而损失的福利甚至超过了 GDP 的 10%（Li et al.，2018；Zhang et al.，2017b）。《2018 中国生态环境状况公报》统计数据显示[①]，2018 年全国所有地级及以上城市（338 个城市）中有 217 个城市（占比 64.2%）的环境空气质量属于超标，其中所有城市全年空气质量发生重度污染和严重污染的天数分别为 1899 天次和 822 天次[②]。面对日趋严峻的大气污染防治形势，中国政府开始实施一系列防治空气污染的管制政策。2002 年底原国家环境保护总局（现中华人民共和国生态环境部）在 1998 年划定的第一批 47 个大气污染防治重点城市的基础上，进一步新增了 66 个城市为第二批大气污染防治重点城市并于 2003 年初正式实施，要求所有 113 个城市的 CO_2、SO_2 和 NO_2 等大气污染物排放量达到大气环境质量标准，这一历史事件为本书分析空气污染治理的政策效应评估提供了极好的准自然实验。因此，本章节的研究内容选择以大气污染防治重点城市政策这一准自然实验作为识别大气污染规制的研究对象，从城市空气污染治理的视角分析大气污染规制的防治成效，进而分析实施大气污染规制政策后是否有利于城市空气质量的改善和城市工业二氧化硫污染物排放的减少效果，以及大气污染规制对重点城市空气污染治理的内在机制。

目前关于大气污染环境规制对区域空气质量影响研究的一个主要难点是如何消除内生性问题。具体到本书的研究内容来看，首先需要考虑的就是大气污染防治重点城市政策的选择是否为随机的，因为重点城市和非重点城市本身在经济发展水平、资源禀赋、区域位置和技术水平等方面存在着差异，那么以上这些未被观测到的城市特征差异有可能会对本书估计的城市空气污染治理效应产生干扰，从而导致出现可能产生偏差的估计结果，也即城市空气污染的治理和改善可能并非来自于大气污染防治重点城市政策本身。针对该问题，本章节选择将 2003 年实施的大气污染防治重点城市政策作为一项准自然实验，在控制城市固定效应和时间固定效应的基础上运用双重差分法尽可能地降低未被观测因素对于本研究估计结果的干扰。值得提出的是，本书借鉴 Li 等（2016）的方法，尝试在双重差分模型中加入事前分组标准变量与时间 t 的多项式，尽可能地保证了样本在事前分组的随机性，从而得到更加可靠的政策效应估计值。此外，本章节在分析大气污染规制的防治成效时选择从城市空气质量和工业 SO_2 排放量两个方面考量城市

---

① 数据来源：http://www.mee.gov.cn/hjzl/zghjzkgb/lnzghjzkgb/。
② 空气污染的等级分类：空气质量指数（AQI）在 101~150 定义为轻度污染，在 151~200 定义为中度污染，在 201~300 定义为重度污染，严重污染则是大于 300 的情况。

空气污染的防治效果，能够更加综合地反映出大气污染防治重点城市政策对于城市空气污染治理的影响。

本章的主要创新点在于：①在研究对象和视角方面，尽管现有文献也对环境规制的污染治理效应进行了部分研究（邝嫦娥等，2017；刘晨跃和徐盈之，2017；宋弘等，2019；周宇飞和胡求光，2019），但对于我国大气污染防治重点城市的相关讨论尚未开展。本书是首次对中国大气污染防治重点城市政策进行区域层面的环境治理效应评估，并分别从城市 PM2.5 变化和工业 SO_2 排放量两个方面考虑了大气污染规制的污染物治理和减排效果。同时，该政策作为我国较早实施的一项典型的行政命令主导型的环境规制政策，能够为分析我国命令控制型的大气污染规制政策的环境效应提供经验证据。②在研究方法上，本研究在准自然实验的框架中将中国大气污染防治重点城市政策视为外生大气污染规制冲击，通过构建 1998~2012 年城市层面的年度空气污染数据，运用 DID 方法从区域城市层面系统考察了大气污染规制对于城市空气污染治理的影响及其内在传导机制。此外，本书还借鉴 Li 等（2016）的方法，尝试在 DID 模型中加入事前分组标准变量与时间 t 的多项式，保证样本在事前分组的随机性，从而得到更加可靠的政策效应估计值，而这一拓展的 DID 模型方法目前还较少被国内学者使用（郭俊杰等，2019）。③构建理论分析框架，一方面从环境规制的"倒逼减排"和"绿色悖论"双重假说视角分析大气污染防治重点城市政策对城市污染减排和空气质量的影响及其传导机制，另一方面结合大气污染规制可能产生的创新效应，全面分析大气污染规制对城市空气污染治理的作用机理。

本章的后续结构安排如下：第二节就大气污染规制对城市空气污染治理的内在机制进行了理论分析；第三节是研究的实证设计，分别从大气污染防治重点城市政策的制度背景介绍、DID 模型的设定、数据来源与指标说明和 DID 模型使用数据的平衡性检验这四个方面展开讨论；第四节是实证结果，包括基准回归结果、环境治理效应的量化计算和一系列稳健性检验；第五部分则进一步分析了大气污染规制对城市空气污染治理的内在传导机制；第六节讨论了大气污染规制对企业污染减排行为的影响；最后是本章小结。

第二节　理论分析与研究假设

中国大气污染防治重点城市政策属于环境规制政策中典型的一项命令控制型环境规制政策，而目前关于环境规制是否能够促进城市空气质量改善从而实现区域环境治理的讨论中，主要存在有"倒逼减排"与"绿色悖论"的双重假说。一部分学者认为，环境规制的根本目的就在于污染控制和改善地区环境质量，环境规制实施后，政府可能通过征收能源税或者向污染排放企业征收排污费等手段增加企业的生产成本，进而限制能源的使用量。同时，政府还可能通过补贴新能源等方式，鼓励更多的企业使用更加清洁的替代能源，进而不断地减少企业生产过程中对化石能源的使用量，达到减少污染排放的目的。空气污染的大规模爆发与地区经济发展过程中的产业结构也具有较大关联。若一个城市具备较大规模的高污染工业产业，必然会导致煤炭等化石能源的使用量大幅上涨，同时也会使得本地区的工业烟粉尘和生产过程中污染物排放急剧提升，而这也恰恰是城市空气污染水平恶化的重要原因之一。因此，合理有效的大气污染规制能够在一定程度上减少高耗能产业和高污染企业的盈利空间，从而使得这部分高污染行业的企业竞争力有所下降。与此同时，清洁型产业的竞争力和服务业的生产规模则会不断扩大，促使城市产业结构向高端化和合理化的方向发展，最终通过实现区域产业结构转型升级而改善城市空气质量（宋弘等，2019；周迪等，2019）。政府还能够通过加大污染治理投资额的方式进行末端污染的防治。尽管"先污染、后治理"的发展模式已被证明了不符合区域绿色可持续发展的要求，但在 21 世纪初国内各地区以经济发展为中心的发展方针和官员考核"唯 GDP 论"的标准下，大多数城市在选择优先发展经济的同时并未过多地考虑地区环境的可持续发展。因此在实施大气污染规制后，重点空气污染防治城市的政府能够采取的较为直接的应对方式之一就是加大污染治理的投资力度，通过末端治理的方式改善城市空气质量。考虑城市的生产技术水平也会随着经济的发展和大气污染规制的实施不断发生变化，大气污染规制有可能还会推动企业进行技术创新，优化企业的资源配置，提升企业竞争力和全要素生产率，实现"创新波特效应"，通过企业更多地采用绿色生产技术和提升生产效率的方式从而降低污染物的排放，实现空气质量的有效改善（黄金枝和曲文阳，2019；原毅军和陈喆，2019）。

但另一部分持"绿色悖论"的学者研究发现，伴随着环境规制力度的提升，短期内可能会产生"显示"效应，即资源所有者预计能源开采和使用成本在未来不断提升后，会加速对现有能源的开采和使用，导致短期内的大量能源消耗和污染排放（Jensen et al.，2015）。此外，新能源技术的推广和清洁能源使用技术升级带来的能源替代效应，也会在一定程度上倒逼现有的资源所有者对化石能源的加速开发，从而产生过度的能源消耗和污染排放（Van der Ploeg and Withagen，2012，2015）。与此同时，国内也有部分学者针对环境规制的"绿色悖论"影响进行了检验佐证（陆建明，2015；伍格致和游达明，2018）。因此，大气污染规制政策实施后,究竟是产生了"倒逼减排"还是"绿色悖论"还有待进一步验证讨论,即大气污染规制的环境治理效应尚不确定。因此,通过上述讨论可以得到大气污染规制对城市空气质量的影响机制(见图4-1),即大气污染规制主要通过改变地区能源消耗量、污染治理力度、城市产业结构和生产技术水平等方面对城市空气质量产生影响。基于以上分析,本研究提出两个研究假说。

假说1:大气污染规制会对城市空气污染产生影响,但究竟能否产生污染治理效应还尚未确定。

假说2:大气污染规制主要通过地区能源消耗量、污染治理力度、城市产业结构和生产技术水平四个渠道正向作用于城市空气质量的变化。

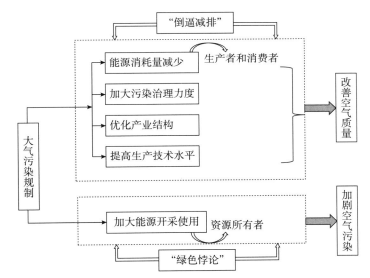

图4-1 大气污染规制对城市空气质量变化的作用机理

第三节 实证研究设计

一、政策背景与模型设定

为应对严峻的大气污染问题以及保护和改善生态环境,我国于1998年确定了国务院划定的47个环保重点城市入选第一批大气污染防治重点城市名单,并在首批大气污染防治重点城市名单确定后就要求各个城市采取相应的措施实现大气污染质量限期达标，如自行划定禁煤区、改用清洁能源和限期停止煤炭的直接燃用等手段改善大气质量。但随着我国城市空气污染问题的进一步加剧，我国于2002年由原国家环境保护总局正式印发了《大气污染防治重点城市划定方案》的通知，要求根据338个全国具备大气环境质量监测数据城市环境污染现状、综合经济能力的分析，以及相关省、区、市政府对2005年大气环境质量达标的承诺，将《"两控区"酸雨和二氧化硫污染防治"十五"计划》中要求在2005年达标的双控区城市、当前大气环境污染超标但大概率可于2005年达标的城市①，以及部分亟须增强保护的旅游文化与生态文明城市三类城市作为重点选择对象，共计新增66个大气污染防治重点城市，综合前期已规划的47个重点环保城市，总计设立大气污染防治重点城市113个。针对已设立的大气污染防治重点城市，2003年正式出台《关于大气污染防治重点城市限期达标工作的通知》，要求所有重点城市采取大气污染防治措施实现空气质量的限期达标目标。

基于上述政策的实施与推行，各重点城市空气质量得到积极改善。因此，本书将中国大气污染防治重点城市政策视为大气污染规制的一项准自然实验，选择"大气污染防治重点城市"作为处理组，"非大气污染防治重点城市"作为对照组，利用双重差分法（DID）分析大气污染防治重点城市政策的环境影响，本章主要从城市空气污染治理的研究视角展开防治成效分析。此处需特别说明的地方：因处理组中第一批47个大气污染防治重点城市的政策实施时间较早（1998年），缺乏处理时效性，因此，本章分析中选取第二批66个重点城市作为政策处理组样本，并将剩余非大气污染防治重点城市设为控制组样本②，以增强分析结果的可靠性。具体的模型设定如下：

$$Y_{it} = \beta_1 Treatment_i \times Post\ 2003_t + \delta X'_{it} + \alpha_i + \gamma_t + \varepsilon_{it} \qquad (4-1)$$

式（4-1）中，下标 i 表示的是城市，t 表示年份。被解释变量 Y_{it} 为城市层面的环境治理变量，主要用以测量大气污染防治重点城市政策是否产生了城市空气污染治理效应。在本书分析中，城市空气污染治理的度量分别用城市的工业 SO_2 排放量、工业 SO_2 排放强度和 PM2.5 年均浓度予以表示。$Treatment_i$ 反映的是大气防治政策的虚拟变量，当城市属于大气污染防治重点城市时，即城市属于处

---

① 依照《"两控区"酸雨和二氧化硫污染防治"十五"计划》规定，到2005年，2000年环境空气二氧化硫年均浓度已达三级标准的地级以上城市需要达到国家二级标准。因此，各城市在2000年时是否已达到二氧化硫浓度环境空气质量二级标准也是城市被选作大气污染防治重点城市的重要标准之一，故本书将该 dummy 变量设为重要的分组选择标准之一予以控制，保证事前分组的随机性。依据2000年数据，本书发现已有119个城市（含县级市）达到二氧化硫浓度环境空气质量二级标准，具体城市名录见附表1-1。

② 在稳健性检验部分，本书进一步将所有113个大气污染防治重点城市设为处理组样本，双重差分的实证结果依然保持稳健。

理组时，$Treatment_i = 1$，反之，则 $Treatment_i = 0$。$Post2003_t$ 表示大气防治政策的实施时间的虚拟变量，$Post2003_t = 1$ 表示政策实施后（$t \geq 2003$），$Post2003_t = 0$ 表示政策实施前（$t < 2003$）。X'_{it} 表示其他可能导致估计结果有偏的影响城市环境治理的控制变量。α_i 和 γ_t 分别表示城市固定效应与年份固定效应。ε_{it} 为受时间变化影响的随机误差项。因此，本书所研究大气防治重点城市政策对于城市环境治理的影响即大气防治政策虚拟变量 $Treatment_i$ 和政策实施时间 $Post2003_t$ 的交乘项的系数 β_1。

然而，为了进一步保证 DID 估计的有效性以及政策评估效应不受到事前分组的影响，本书依照政策制定标准，即对 2000 年全国有大气环境质量监测数据的 338 个城市综合经济能力及环境污染现状和城市是否属于双控区城市（Tcz）、大气环境质量是否达到二级标准、是否为国家重点旅游文化城市进行控制，能够有效地保证 DID 的分组随机性（Gentzkow，2006）。其中，城市综合经济能力用城市总人口和人均 GDP 予以反映，并用城市单位面积 SO_2 排放量反映城市污染现状，其余 3 个大气污染防治重点城市分组选择标准则用虚拟变量予以表示。同时为了控制以上分组选择标准的时间变化差异对 DID 模型估计结果的影响，本书借鉴 Li 等（2016）的方法，将各分组选择标准的变量与时间多次项进行交乘。具体地，本书基准 DID 估计模型如下所示：

$$Y_{it} = \beta_1 Treatment_i \times Post\,2003_t + (S \times f(t))'\theta + \alpha_i + \gamma_t + \varepsilon_{it} \qquad (4-2)$$

式（4-2）中，S 是大气污染防治重点城市的 6 个分组选择变量，$f(t)$ 是时间 t 的多次项，分别用 S 乘以时间 t、t^2 和 t^3 作为控制变量，从而更好地保证各分组变量由于时间变化的差异对 DID 模型回归结果产生影响。此外，在通过上述方法充分保证事前分组的随机性后，可以对处理组和控制组的关键变量进行平衡性检验，若处理组和控制组协变量的平衡性检验通过，则证明在政策实施前处理组和控制组具有相同的趋势特征，检验通过共同支撑假设，因此不需要再额外加入其他城市层面的控制变量。本书所研究大气防治重点城市政策对于城市环境治理的影响即大气规制虚拟变量 $Treatment_i$ 和政策实施时间 $Post2003_t$ 的交乘项系数 β_1。

二、数据来源和变量说明

1. 数据来源

在本书的 DID 模型设定中，处理组的样本为第二批 66 个大气污染防治重点城市，控制组样本为剩余的非重点城市样本，在研究样本中已剔除第一批 47 个于 1998 年就开始实施的大气污染防治重点城市。同时，在结合数据可获得性和连续性的基础上，本章的研究数据最终为 1998~2012 年中国 216 个城市样本数据，数据来源于《中国城市统计年鉴》《中国能源统计年鉴》《中国区域经济统计年鉴》和各城市历年国民经济和社会发展统计公报等。此外，书中所使用的城市 PM2.5 浓度指标来自哥伦比亚大学社会经济数据和应用中心公布的卫星监测数据。

2. 变量说明

（1）被解释变量为城市空气污染治理变量，分别用城市的工业 SO_2 排放量（$\ln\_SO_2$）、工业 SO_2 排放强度（$\ln\_SO_2\_density$）和 PM2.5 年均浓度（$\ln\_PM2.5$）予以表示，为了保证所选指标的平稳性，分别对各个指标进行对数化处理。

（2）控制变量包括两方面的变量，一方面是前文所提到的 2003 年选取第二批大气污染防治重点城市的分组选择标准变量。分别为城市是否属于两控区城市（TCZ）、大气环境质量是否达到二级标准（$Standard^{2th}$）、是否为国家重点旅游文化城市（Nfhcc）、城市总人口（Population）、人均 GDP（GDP_Per）和城市单位面积二氧化硫排放量（SO_2_Area）。另一方面参考现有文献（卢洪友等，2019；许和连和邓玉萍，2012），选择固定资产投资额（对数形式，ln_Fixed）、产业结构（第二产业产值占城市总产值的比重，Industry_Stru）、外商投资水平（外商直接投资额的对数形式，ln_FDI）、政府科技投入额（对数形式，ln_Tech）和人均道路面积（对数形式，ln_Traffic），从而进一步控制城市的地区经济发展水平、产业结构、投资水平、科技水平和交通化程度等对城市空气污染治理的影响。

（3）机制分析变量。本研究选择城市能源消耗量、城市治污投入、产业结构变化和城市绿色全要素生产率分别反映地区能源消耗量、污染治理力度、城市产业结构和生产技术水平这四个影响城市空气质量的具体机制。其中，城市能源消耗量用当年的实际能源使用量（对数形式）予以表示，城市治污投入用环境污染治理投资总额（对数形式）反映，产业结构变化分别用第二产业和第三产业占城市 GDP 的比重表示，城市绿色全要素生产率则用考虑负产出下的城市绿色发展水平予以表示，本研究使用了两期修正权重非径向方向距离函数进行计算①。

三、平衡性检验

在本书的模型设定中，为了保证 DID 估计的有效性以及政策评估效应不受到事前分组的影响，本书控制了大气污染防治重点城市的 6 个分组依据变量，从而

---

① 具体的城市绿色全要素生产率的测算依据和方法，以及相关的变量说明参见附录 2。

尽可能地保证了模型分组的随机性。在进行双重差分回归之前，需要对主要的变量进行平衡性检验，本书借鉴 Agarwal 和 Qian（2014）的方法对事前分组依据变量和城市层面的主要控制变量进行平衡性检验，具体结果见表 4-1，由 Panel B 的第（3）列和第（4）列回归结果可以发现，当未控制大气污染防治重点城市的分组选择标准变量时，处理组和控制组的主要城市层面控制变量存在显著差异，而当控制了大气污染防治重点城市的分组选择标准变量后，主要城市层面的相关控制变量在处理组和控制组之间不存在显著差异，因此本部分主要协变量的平衡性检验结果可以证实控制分组选择标准的多个变量后，能够较好地保证大气污染防治重点城市事前分组的随机性以及政策实施前处理组样本和控制组样本的关键变量不存在显著差异，因此两组样本满足共同支撑假设并具有可比性。

表 4-1　平衡性检验结果

Variable	Treatment Group	Control Group	Unconditional diff.	Conditional diff.
	（1）	（2）	（3）	（4）
Panel A：Selection criteria				
TCZ	0.41	0.85	0.438 ***	—
	[0.49]	[0.36]	(0.016)	—
Nfhcc	0.22	0.36	0.148 ***	—
	[0.41]	[0.48]	(0.018)	—
Population	378.93	405.01	26.08 ***	—
	[209.72]	[217.39]	(8.296)	—
GDP_Per	6775.26	8879.35	2104.1 ***	—
	[5789.58]	[6821.78]	(251.135)	—
SO_2_Area	30.26	49.96	19.17 ***	—
	[70.09]	[57.58]	(2.388)	—
Standard[2th]	0.36	0.44	0.797 ***	—
	[0.48]	[0.50]	(0.019)	—
Panel B：Control variable				
Industry_Stru	0.50	0.57	6.259 ***	3.503
	[0.13]	[0.11]	(0.491)	(2.614)
ln_Fixed	13.41	13.99	0.579 ***	0.500
	[1.13]	[1.14]	(0.047)	(0.292)

Variable	Treatment Group	Control Group	Unconditional diff.	Conditional diff.
	（1）	（2）	（3）	（4）
ln_FDI	8.11	8.51	0.399 ***	0.495
	[1.74]	[1.84]	（0.078）	（0.359）
ln_Tech	6.82	7.25	0.436 ***	0.352
	[2.07]	[1.86]	（0.075）	（0.272）
ln_Traffic	2.18	2.02	−0.162 ***	−0.506
	[1.66]	[0.59]	（0.044）	（0.371）

注：Panel A 比较了处理组和控制组的事前分组选择标准的差异，Panel B 比较了处理组和控制组在 2000 年时的城市层面控制变量的差异；第（1）列和第（2）列汇报了主要变量的均值（方括号内为标准差），第（3）列汇报了各变量在不控制事前分组选择标准情况下与 Post_Treatment 的回归结果，第（4）列汇报了城市层面的主要控制变量在控制事前分组选择标准后与 Post_Treatment 的回归结果，括号内为标准误。

第四节　实证结果

一、基准回归结果

基于前文的分析，本研究首先对大气污染防治重点城市政策的污染防治成效进行实证检验，表 4-2 基准回归结果中的被解释变量分别为城市的工业 SO_2 排放强度（ln_SO_2_density）、工业 SO_2 排放量（ln_SO_2）和 PM2.5 年均浓度（ln_PM2.5）。其中，模型（1）为不加控制变量和分组选择标准的回归结果，模型（2）在模型（1）的基础上进一步增加了城市层面的控制变量，模型（3）则为了保证 DID 事前分组的随机性，借鉴 Li 等（2016）的方法，分别将 6 个分组选择变量乘以时间多次项，从而更好地保证各分组变量由于时间变化的差异对 DID 模型回归结果产生影响。此外，所有模型结果均控制了城市和年份固定效应。

由表 4-2 发现，所有模型无论是否加入城市层面控制变量或是政策分组选择标准变量，结果均显著为负，其中模型（3）的回归系数为本研究的基准回归结果。总体研究结果表明，大气污染防治重点城市政策在 1% 的显著性水平下降低了重点城市的工业二氧化硫排放强度、工业二氧化硫排放量以及城市 PM2.5 年均浓度值，证明了大气污染防治重点城市政策对于城市空气污染治理产生了显著的影响，有利于重点城市空气质量的改善，并减少城市工业二氧化硫排放量。

表4-2　大气污染防治重点城市政策对城市空气污染治理的影响

被解释变量	ln_SO$_2$_density			ln_SO$_2$			ln_PM2.5		
	模型（1）	模型（2）	模型（3）	模型（1）	模型（2）	模型（3）	模型（1）	模型（2）	模型（3）
Post×Treatment	-0.321***	-0.274***	-0.362***	-0.300***	-0.221**	-0.333***	-0.067***	-0.070***	-0.085***
	(0.115)	(0.104)	(0.114)	(0.108)	(0.098)	(0.113)	(0.021)	(0.024)	(0.023)
Selection Criteria×T	—	—	YES	—	—	YES	—	—	YES
Selection Criteria×T^2	—	—	YES	—	—	YES	—	—	YES
Selection Criteria×T^3	—	—	YES	—	—	YES	—	—	YES
Control Variables	—	YES	—	—	YES	—	—	YES	—
城市固定效应	YES	YES	YES	YES	YES	YES	YES	YES	YES
年份固定效应	YES	YES	YES	YES	YES	YES	YES	YES	YES
Adjusted R-squared	0.307	0.427	0.373	0.528	0.497	0.568	0.659	0.655	0.668
观测值	3073	3073	3073	3073	3073	3073	3075	3075	3075

注：括号内的为聚类在城市层面的稳健标准误，***、**、* 分别表示 1%、5%和10%的显著性水平。Selection Criteria 表示的是大气污染防治重点城市的分组选择标准变量，所有回归结果均控制了城市和年份固定效应。限于篇幅，基准回归的表中没有汇报各控制变量的回归结果，后表同。

二、城市空气污染治理效应的量化计算

根据表4-2中的模型回归系数结果，可以进一步计算出2003年实施大气污染防治重点城市政策后，城市空气质量改善的大小幅度与城市工业二氧化硫减排的绝对量。具体来看，大气污染防治重点城市政策使得重点城市工业二氧化硫排放强度降低了36.2%，使得城市工业二氧化硫排放量减少了33.3%，并使得城市PM2.5年均浓度值下降了8.5%。本章研究的政策实施时间为2003～2012年，因此可以得到大气污染防治重点城市政策在2003年实施后平均每年降低城市

PM2.5 浓度 0.944%，年均减少城市工业二氧化硫排放量 3.700% 和工业二氧化硫排放强度 4.022%。进一步地，由于样本期内所有非大气污染防治重点城市（控制组样本）的工业二氧化硫排放强度、城市工业二氧化硫排放量和城市 PM2.5 年均浓度的平均值分别为 111.4 万吨/亿元、36684.96 万吨和 34.936$\mu g/m^3$，因此可以计算出大气污染防治重点城市政策的实施后的 9 年有效减少了 12215.8 万吨城市工业二氧化硫排放量与降低城市工业二氧化硫排放强度 40.327 万吨/亿元，并且使得城市 PM2.5 年均浓度改善 2.97$\mu g/m^3$。

三、稳健性检验

本研究的基准回归结果发现大气污染规制对地区空气污染治理具有显著的正向影响，为了保证本研究结论的可靠性，本书对大气污染规制的空气污染治理效应采取了一系列的稳健性检验方法，所有稳健性检验的结果均再次证明了大气污染规制对地区空气质量改善具有显著的促进作用。

1. 平行趋势假设检验和动态效应分析

DID 模型得以成立的重要条件之一即满足平行趋势假设。在本研究中，也就是要求处理组城市和控制组城市在大气污染防治重点城市政策实施前，城市空气质量的变化趋势应该保持一致。本研究借鉴 Jacobson 等（1993）以及范子英和田彬彬（2013）的做法，通过式（4-3）的设定，一方面可以检验大气污染规制发生前处理组和控制组样本是否满足平行趋势假设，另一方面还能进行政策影响效果的动态效应分析，具体如下：

$$Y_{it} = \sum_{\mu} \beta_\mu \text{Treatment}_i \times \text{Post}^\mu + (S \times f(t))'\theta + \alpha_i + \gamma_t + \varepsilon_{it}$$

$$(4-3)$$

式（4-3）中，下标 μ 代表的是大气污染防治重点城市政策实施的第 μ 年，本研究分别检验了政策前三年的平行趋势假设以及政策实施后四年的动态效应情况，因此将 μ 分别取值为 -3（2000 年）、-2（2001 年）、-1（2002 年）、0（2003 年）、1（2004 年）、2（2005 年）、3（2006 年）和 4（2007 年），而 Post^μ 是年份虚拟变量，若年份为 2000 年，则 $\text{Post}^{-3} = 1$，其余均为 0。在式（4-3）中，重点关注的是系数 β_μ 的变化，理论上，DID 模型满足平行趋势假设检验的条件是 β_{2000}、β_{2001} 和 β_{2002} 都不显著，而 $\beta_{2003 \leq \mu \leq 2007}$ 是显著的。此外，通过比较 $\beta_{2003 \leq \mu \leq 2007}$ 的变化情况，能够分析大气污染规制对于城市环境治理的动态影响效果。

表 4-3 结果显示，无论是哪一种城市环境变量作为被解释变量，均发现其在 2003 年大气污染防治重点城市政策实施前不存在显著差异，即大气污染规制实

施前满足共同趋势假设。此外，城市工业 SO_2 排放强度和城市工业 SO_2 排放量受大气污染规制影响的回归系数在 2003 年政策实施之后均显著为负，且回归系数值在不断增加，这也证实了大气污染防治重点城市政策实施后产生了显著的环境治理效应，大气污染规制对于城市污染物的减排产生了显著影响，并且该减排效应在短期内不断增加。进一步研究大气污染规制对于城市空气质量改善的作用，第（3）列的回归系数中 $Post^{2003}$ 不显著，并从 2004 年才开始显著为负，这其中的原因主要是城市空气质量的改善不是一蹴而就的，当政府实施一项严格的大气污染环境规制政策后，对于空气质量的改善作用往往需要一定的时间才能显现出来，这与城市工业 SO_2 排放量在短期内就产生显著的减排效应存在一定区别。但根据 2004 年以后的回归系数结果均为负可以发现，大气污染防治重点城市政策对于城市空气质量的改善产生了显著的影响。

表 4-3　平行趋势假设检验结果

被解释变量	ln_SO₂_density	ln_SO₂	ln_PM2.5
	（1）	（2）	（3）
Treatment×Post²⁰⁰⁰（-3）	0.130	0.037	-0.039
	（0.100）	（0.071）	（0.037）
Treatment*Post²⁰⁰¹（-2）	0.114	0.040	-0.014
	（0.102）	（0.082）	（0.030）
Treatment×Post²⁰⁰²（-1）	0.076	0.009	0.003
	（0.102）	（0.076）	（0.026）
Treatment×Post²⁰⁰³（0）	-0.189*	-0.240***	0.040
	（0.102）	（0.085）	（0.024）
Treatment×Post²⁰⁰⁴（1）	-0.188*	-0.225**	-0.085***
	（0.102）	（0.099）	（0.026）
Treatment×Post²⁰⁰⁵（2）	-0.240**	-0.274**	-0.105***
	（0.103）	（0.110）	（0.025）
Treatment×Post²⁰⁰⁶（3）	-0.282***	-0.315***	-0.098***
	（0.104）	（0.108）	（0.026）
Treatment×Post²⁰⁰⁷（4）	-0.324***	-0.338***	-0.136***
	（0.111）	（0.109）	（0.030）
Selection Criteria×T	YES	YES	YES
Selection Criteria×T²	YES	YES	YES

续表

被解释变量	ln_SO₂_density	ln_SO₂	ln_PM2. 5
	（1）	（2）	（3）
Selection Criteria×T³	YES	YES	YES
城市固定效应	YES	YES	YES
年份固定效应	YES	YES	YES
Adjusted R-squared	0. 143	0. 591	0. 678
观测值	3073	3073	3075

注：括号内的为聚类在城市层面的稳健标准误，***、**、*分别表示1%、5%和10%的显著性水平。Selection Criteria表示的是大气污染防治重点城市的分组选择标准变量，所有回归结果均控制了城市和年份固定效应。

此外，本书将表4-3中不同被解释变量的动态效应回归结果分别用图4-2、图4-3和图4-4予以反映，并绘制了各年回归系数的95%置信区间，虚线反映了大气污染规制实施对城市环境质量的边际效应。从图4-2~图4-4中可以看出，在2003年之前，大气污染规制的边际效应基本在0值附近，而从2003年大气污染防治重点城市政策实施后，边际效应线迅速向右下方倾斜，且城市工业SO_2排放强度和城市工业SO_2排放量的回归系数结果在2003年以后基本都在-0.2值线以下，说明了大气污染规制对城市污染物排放产生了显著的负向冲击影响。城市PM2.5年均浓度的回归系数结果在2004年以后才开始显著为负，且基本集中在-0.1值线上下，同样说明了大气污染规制对城市空气质量产生了显著的改善作用，但大气污染规制对城市空气质量的优化效应具有一定的时滞性。

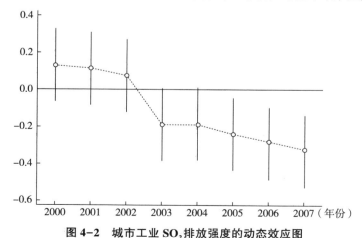

图4-2　城市工业SO_2排放强度的动态效应图

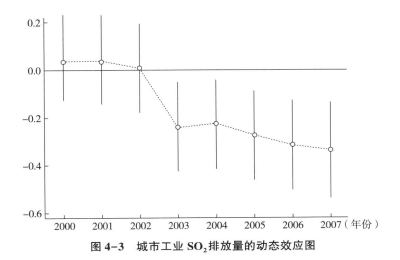

图4-3 城市工业 SO₂ 排放量的动态效应图

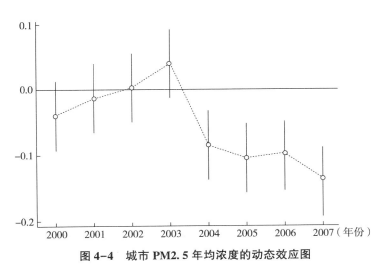

图4-4 城市 PM2.5 年均浓度的动态效应图

2. 考虑第一批47个大气污染防治重点城市的全样本检验

大气污染防治重点城市共有113个，其中第一批47个重点城市在1998年就开始逐步实施了大气污染规制，第二批66个城市在2003年开始受到大气污染规制的影响，因此本研究的 DID 模型处理组样本设定为第二批66个重点城市，控制组样本则为其余所有139个非重点城市。在本部分稳健性检验的分析中，重新将所有113个重点城市均设为处理组样本，而控制组样本保持不变。回归结果如表4-4所示，研究发现在考虑了第一批大气污染防治重点城市后，仅仅只是回归系数的大小发生了改变，而大气污染规制对城市空气污染治理的影响效应依然显著。所有回归结果也再次证明了大气污染规制对于城市污染减排和空气质量改善产生了显著的影响作用。

表 4-4　考虑第一批大气污染防治重点城市的全样本检验结果

被解释变量	$\ln\_SO_2\_density$			$\ln\_SO_2$			$\ln\_PM2.5$		
	模型（1）	模型（2）	模型（3）	模型（1）	模型（2）	模型（3）	模型（1）	模型（2）	模型（3）
Post× Treatment	-0.487 ***	-0.424 ***	-0.437 ***	-0.458 ***	-0.361 ***	-0.407 ***	-0.071 ***	-0.077 ***	-0.077 ***
	(0.103)	(0.094)	(0.108)	(0.097)	(0.089)	(0.106)	(0.016)	(0.018)	(0.018)
Selection Criteria×T	—	—	YES	—	—	YES	—	—	YES
Selection Criteria×T²	—	—	YES	—	—	YES	—	—	YES
Selection Criteria×T³	—	—	YES	—	—	YES	—	—	YES
Control Variables	—	YES	—	—	YES	—	—	YES	—
城市固定效应	YES	YES	YES	YES	YES	YES	YES	YES	YES
年份固定效应	YES	YES	YES	YES	YES	YES	YES	YES	YES
Adjusted R-squared	0.331	0.440	0.375	0.482	0.443	0.516	0.659	0.642	0.668
观测值	3763	3763	3763	3763	3763	3763	3765	3765	3765

注：括号内的为聚类在城市层面的稳健标准误，***、**、*分别表示1%、5%和10%的显著性水平。Selection Criteria 表示的是大气污染防治重点城市的分组选择标准变量，所有回归结果均控制了城市和年份固定效应。

3. 考虑同期其他大气环境政策的稳健性检验

为了排除同期其他实施的大气污染环境规制政策影响，本书考虑了2006年起实施的新一轮"十一五"规划中对二氧化硫减排目标设定并纳入官员绩效考核的规制影响。由前文对我国大气污染治理政策的梳理可知，国务院于2006年下发了《关于"十一五"期间全国主要污染物排放总量控制计划的批复》，批复中列出了2005年各省SO₂排放量、2010年各省减排百分比目标，同时各省副省长也签署了省级污染减排目标正式合同。因此，考虑该政策也可能会对城市空气污染治理产生影响，进而有可能使得本书估计结果产生偏差，故本部分稳健性检验将样本时间缩短为 1998～2005 年进行分析，主要回归结果见表 4-5。研究发现，当控制重点城市分组选择标准以及年份和城市固定效应后，依然发现大气污染规制的回归系数显著为负，但短期内产生的空气污染治理效应比基准回归中的结果要小，这也从侧面说明了大气污染防治重点城市政策的持续有效性较强，在 2003 年政策实施后的多年里依然对城市空气质量产生了显著的改善作用。表 4-5 的回归结果基本与前文的回归结果保持一致，进一步证明了本研究中的基准回归结果的稳健性，即中国大气污染防治重点城市政策显著地减少了城市污染物排放，并且显著改善了城市空气质量。

表 4-5 考虑同期其他大气环境规制政策影响的稳健性检验结果

被解释变量	ln_SO$_2$_density	ln_SO$_2$	ln_PM2.5
	(1)	(2)	(3)
Post×Treatment	−0.274**	−0.287**	−0.036*
	(0.108)	(0.110)	(0.021)
Selection Criteria×T	YES	YES	YES
Selection Criteria×T^2	YES	YES	YES
Selection Criteria×T^3	YES	YES	YES
城市固定效应	YES	YES	YES
年份固定效应	YES	YES	YES
Adjusted R-squared	0.275	0.576	0.606
观测值	1638	1638	1640

注：括号内的为聚类在城市层面的稳健标准误，***、**、*分别表示 1%、5% 和 10% 的显著性水平。Selection Criteria 表示的是大气污染防治重点城市的分组选择标准变量，所有回归结果均控制了城市和年份固定效应。

4. 安慰剂检验（Placebo Test）

本部分的稳健性检验主要借鉴现有文献（Chetty et al., 2009；La Ferrara et al., 2012；Li et al., 2016；盛丹和刘灿雷，2016），对大气污染规制的环境治理效应进行了安慰剂检验[①]。具体的研究思路如式（4-4）所示，本书将 2003 年

[①] 安慰剂检验的作用主要有两方面：一是可以考察自然实验的研究对象是否为随机划定选择的，二是可以对模型基准回归检验中可能存在的遗漏变量问题对于回归结果的干扰进行检验（Li et al., 2016）。

所有的城市样本（已剔除第一批 47 个重点城市）进行打乱，然后随机选择 66 个城市作为大气污染防治重点城市并将其设置为处理组样本 $\widetilde{\text{Treatment}_i}$，再依据原 DID 模型的设定估计出此时随机选定处理组情形下的大气污染规制的回归系数 $\tilde{\beta}$，并将该过程重复地进行 500 次随机模拟，最终得到系数 $\tilde{\beta}$ 的分布情况。若 500 次随机设定的大气污染防治重点城市的回归系数值集中分布在 0 左右，则表明人为地随机选择大气污染防治重点城市作为处理组样本并不会对城市环境治理产生显著的影响，也从侧面反证了本研究中由大气污染规制选取的重点城市才会产生显著的空气质量改善效应，进一步保证了基准回归结果的可靠性。

$$Y_{it} = \tilde{\beta}\,\widetilde{\text{Treatment}_i} \times \text{Post}\,2003_t + (S \times f\,(t))'\theta + \alpha_i + \gamma_t + \varepsilon_{it} \qquad (4\text{-}4)$$

图 4-5、图 4-6 和图 4-7 分别是针对城市工业 SO_2 排放强度、城市工业 SO_2 排放量和城市 PM2.5 年均浓度的安慰剂检验结果。整体来看，本研究基准结果中针对上述三个不同的被解释变量的回归系数分别为 -0.362、-0.333 和 -0.085，但可以发现 500 次随机模拟后的安慰剂检验的回归系数结果基本全都分布在基准回归结果以外，证实了本研究的基准结果并非为其他不可观测的因素导致，大气污染规制对城市空气污染治理具有显著的正向作用。具体来看，针对城市工业 SO_2 排放强度的安慰剂检验结果（见图 4-5），500 次随机选择大气污染防治重点城市后的回归系数值集中分布在 0 值附近，且模拟后回归系数的均值为 0.0029，结果表明人为地随机选择大气污染规制实验对象并不能够对城市二氧化硫排放强度的降低产生显著影响。针对城市工业 SO_2 排放量的安慰剂检验结果（见图 4-6），500 次随机选择大气污染防治重点城市后的回归系数值集中分布在 0 值附近，且模拟后回归系数的均值为 0.0018，结果表明人为地随机选择大气污染规制实验对象并不能够对城市二氧化硫排放量的减少产生显著影响。针对城市 PM2.5 年均浓度的安慰剂检验结果（见图 4-7），500 次随机选择大气污染防治重点城市后的回归系数值集中分布在 0 值附近，且模拟后回归系数的均值为 -0.0014，结果表明人为地随机选择大气污染规制实验对象并不能够对城市 PM2.5 的改善产生显著影响。

5. 伪证检验（Falsification Test）

本部分稳健性检验基本思路是考虑大气污染防治重点城市政策主要目标是为了改善城市空气质量，通过对城市能源结构的调整、推广生产过程中洁净煤的使用技术、推动热电联产以及对地区进行集中性的供热、加强对城市内机动车污染排放的监管以及控制城市建筑施工过程中的扬尘污染等手段，强化对城市空气质量的管控，进而减少污染排放和提升城市空气质量。因此，本研究认为该政策的

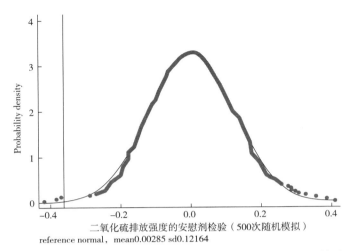

二氧化硫排放强度的安慰剂检验（500次随机模拟）
reference normal，mean0.00285 sd0.12164

图4-5 大气污染规制影响城市工业 SO$_2$ 排放强度的安慰剂检验

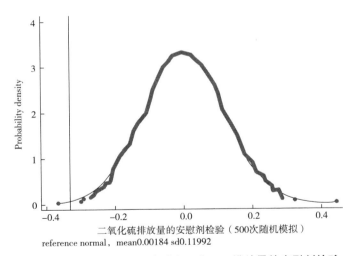

二氧化硫排放量的安慰剂检验（500次随机模拟）
reference normal，mean0.00184 sd0.11992

图4-6 大气污染规制影响城市工业 SO$_2$ 排放量的安慰剂检验

实施主要是针对空气污染的管控，因此在城市空气污染治理效应中重点体现在对二氧化硫排放的减少和 PM2.5 浓度的降低效果，而对其他非空气污染源的影响可能不明显。故本研究进一步构建了关于水污染影响的 Falsification Test，通过手工收集 1998~2012 年城市工业废水排放量指标，将城市工业废水排放量作为被解释变量，检验大气污染规制对水污染排放的影响效应，理论上该影响的系数结果应该不显著，从而反向证明该政策对于城市空气污染治理的真实效果。回归结果如表 4-6 所示，研究发现，在不加入固定效应、不加入城市控制变量、城市分

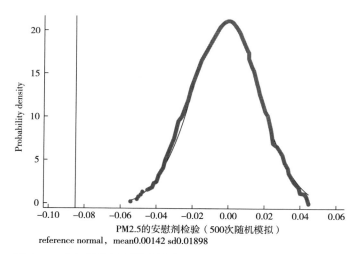

图 4-7　大气污染规制影响城市 PM2.5 年均浓度的安慰剂检验

组选择标准变量的情况下，大气污染规制均未对城市工业废水排放量的减少产生显著影响，从反面佐证了本研究结论的可靠性。

表 4-6　大气污染规制对城市工业废水排放量影响的伪证检验结果

被解释变量	ln_Water_pollution_emissions		
	（1）	（2）	（3）
Post×Treatment	−0.046	−0.024	0.022
	（0.066）	（0.054）	（0.063）
Selection Criteria×T	—	—	YES
Selection Criteria×T²	—	—	YES
Selection Criteria×T³	—	—	YES
Control Variables	—	YES	—
城市固定效应	YES	YES	YES
年份固定效应	YES	YES	YES
Adjusted R-squared	0.406	0.501	0.416
观测值	2866	2866	2866

注：括号内的为聚类在城市层面的稳健标准误，***、**、* 分别表示 1%、5% 和 10% 的显著性水平。Selection Criteria 表示的是大气污染防治重点城市的分组选择标准变量，所有回归结果均控制了城市和年份固定效应。

第五节 机制分析

以上的研究表明，大气污染防治重点城市政策显著地减少了城市二氧化硫排放量并降低了重点城市的空气污染水平，那么，产生空气污染治理效应的内在传导机制是什么？政府在实施大气污染规制时主要通过影响何种变量进而改善城市空气质量？本研究结合前文的理论分析，选择城市能源消耗量、城市治污投入、产业结构变化和城市绿色全要素生产率分别反映地区能源消耗量、污染治理力度、城市产业结构和生产技术水平这四个影响城市空气质量的具体机制，并将上述机制作为被解释变量进行回归分析，具体机制分析结果见表4-7。

表4-7的第（1）列回归结果显示，大气污染防治重点城市政策实施后，城市的能源使用量显著降低，这也与政策规定中要求加快城市能源结构调整、降低原煤量使用和推广清洁生产方式等措施相符合。由于高能源消耗量通常不可避免地会带来城市二氧化硫污染的高排放，并对城市空气质量产生负向影响，因此本研究发现通过大气污染规制对城市能源使用量的控制，进而实现重点城市的环境治理效应。这也体现出了在实施大气污染规制后并未产生"绿色悖论"的结果，而是实现了污染物的"倒逼减排"效应。第（2）列回归结果显示，大气污染规制对城市环境污染治理投资总额的影响系数在10%的显著性水平下显著为正，说明大气污染防治重点城市政策实施后，政府为了实现城市空气质量的达标，进一步加大了对于环境污染治理的力度。这在一定程度上与地区政府长期以来实施的"先污染、后治理"的发展模式相吻合，但这种末端污染治理的方式尽管在一定程度上可以改善城市环境质量，但并非根治手段，政府仍然应当探索出科学有效的绿色发展模式。再者，就大气污染规制通过影响产业结构的变化改善城市环境质量而言，大气污染防治重点城市政策实施可能在一定程度上对地区产业结构转型升级产生影响，例如对重点城市内的高污染行业企业采取整改或关停的方式处理，进一步加快发展地区第三产业，促使城市产业结构中第二产业占比的降低和第三产业占比的提高。第（3）列和第（4）列的回归结果显示，大气污染规制在10%的显著性水平下降低了城市第二产业占比，并有效提高了第三产业的占比。这也说明了大气污染防治重点城市政策实施后城市通过自身产业结构的变化改善了地区环境质量。最后，本研究还从城市绿色全要素生产率的视角进行分析，主要是为了判断大气污染规制实施后是否可能产生创新效应，进而与前文几个机制共同对城市空气质量的改善起到促进作用。第（5）列的回归结果显示，

大气污染规制在5%的显著性水平下正向影响城市的绿色全要素生产率，说明了大气污染规制有助于提升地区生产技术水平，实现"创新波特效应"，有助于推动城市进行技术创新，企业通过更多地采用绿色生产技术和提升生产效率的方式从而降低污染物的排放，实现空气质量的有效改善，以上发现也与现有部分学者关于环境规制与城市绿色全要素生产率的研究结论相一致（韩晶等，2017；杨仁发和李娜娜，2019；原毅军和谢荣辉，2015）。但以上机制分析均是从城市层面展开的检验，至于大气污染规制实施后对于重点城市内工业企业的生产技术水平和资源配置的真实影响还有待进一步研究探讨，而这部分研究内容也将在本研究的后续部分展开更为详细的分析。

综上，本研究机制检验结果表明：大气污染规制对城市空气污染治理效应的影响，一是通过减少城市工业生产过程中的实际能源消耗量降低城市工业二氧化硫污染的排放量，进而改善城市空气污染；二是通过提高城市环境污染治理投资总额进一步加大对城市空气污染的末端治理；三是通过降低重点城市产业结构中的第二产业占比与提高第三产业占比来实现地区产业结构的转型升级，进而对城市污染减排和空气质量的改善产生促进作用；四是通过提升城市绿色全要素生产率进一步实现大气污染规制的创新补偿效应，以生产技术进步的方式进一步提升企业生产效率和生产过程中的污染减排技术水平，进而实现城市空气质量的改善。

表4-7　大气污染防治重点城市政策实现城市空气污染治理效应的机制检验结果

被解释变量	实际能源使用量	污染治理投资额	第二产业占比	第三产业占比	城市绿色全要素生产率
	（1）	（2）	（3）	（4）	（5）
Post×Treatment	−0.099**	0.240*	−0.042*	0.082*	0.015**
	（0.043）	（0.39）	（0.023）	（0.046）	（0.006）
Selection Criteria×T	YES	YES	YES	YES	YES
Selection Criteria×T^2	YES	YES	YES	YES	YES
Selection Criteria×T^3	YES	YES	YES	YES	YES
城市固定效应	YES	YES	YES	YES	YES
年份固定效应	YES	YES	YES	YES	YES
Adjusted R-squared	0.791	0.437	0.049	0.156	0.149
观测值	3075	3075	3075	3075	2870

注：括号内的为聚类在城市层面的稳健标准误，***、**、*分别表示1%、5%和10%的显著性水平。Selection Criteria表示的是大气污染防治重点城市的分组选择标准变量，所有回归结果均控制了城市和年份固定效应。

第六节　进一步讨论：大气污染规制与企业污染减排行为

　　为了进一步廓清大气污染防治重点城市政策的有效性，本部分内容将在前文分析基础上进一步使用微观企业层面的污染排放数据，检验大气污染防治重点城市政策对企业减排行为的影响。具体来看，本书使用了 1998～2007 年的中国污染企业数据，并将其与后文第五章和第六章实证分析所使用的中国工业企业数据库进行匹配[①]。需要指出的是，中国污染企业数据库提供了占中国主要污染物排放总量85%的企业的工业产值、能源投入以及污染排放等信息。其主要数据来源于生态环境部（原国家环境保护总局）所辖的环境调查与报告数据库（Environmental Survey and Reporting Database，ESR）。在 19 世纪 80 年代，ESR 仅覆盖了中国约 3500 家主要工业企业；在 1991～1995 年，ESR 的范围开始扩大至涵盖所有国有企业（不包含乡镇企业）；在 1996～2000 年，乡镇企业也被纳入 ESR。在 2001 年以后，ESR 的范围由单个公司或工厂的污染排放量决定，县内排放量占县主要污染物总排放量前 85%排名的企业全部被纳入统计数据库中[②]。ESR 统计了企业排放的若干主要污染物，分别有：化学需氧量（COD）、氨氮（NH_3-N）、二氧化硫（SO_2）、工业烟尘和固体废弃物。该数据由污染企业自主上报，环保部门统计，并最终由县级地方环保部门进行监测和不定期检查以确保数据质量，被认为是中国最全面、最可靠的环境微观经济数据。本书在将 1998～2007 年的中国污染企业数据库和中国工业企业数据库进行序贯匹配后，共识别出 197924 个样本。进一步地，本书从中剔除了缺失 SO_2 排放量指标的企业样本，以及删除第一批 47 个大气污染重点城市的企业样本，从而得到本部分实证检验的最终总样本为 83337 个。为了实证检验大气污染规制对企业 SO_2 减排行为的影响，本书使用如下 DID 模型进行检验：

$$\ln(SO_2)_{ict} = \beta Treatment_i \times Post_{2003t} + \alpha_i + \sigma_{r,t} + \kappa_{k,t} + \varepsilon_{ict} \qquad (4-5)$$

　　式（4-5）中，下标 i、c、t、k 和 r 分别表示的是企业、城市、年份、行业

---

　　① 关于 1998～2007 年中国工业企业数据库的数据清理过程将在第五章和第六章进行详细介绍。
　　② 其中，若一家企业在两个不同的县具有两个工厂，则每个工厂是否纳入报告分别取决于该工厂在其所在县的污染排放排名。

以及企业所处的地区变量（此处将我国按照地理位置划分为华北、东北、华东、华中、华南、西南和西北 7 个地区）。被解释变量 $\ln(SO_2)_{ict}$ 为企业 SO_2 排放量的对数形式，$Treatment_i$ 表示的是企业是否处于大气污染防治重点城市内的虚拟变量。当企业位于大气污染防治重点城市内，即企业属于处理组时，$Treatment_i = 1$，反之，则 $Treatment_i = 0$。$Post_{2003t}$ 表示大气污染规制实施时间的虚拟变量，$Post_{2003t} = 1$ 表示政策实施后（$t \geq 2003$），$Post_{2003t} = 0$ 表示政策实施前（$t < 2003$）。α_i 表示的是企业固定效应。$\sigma_{r,t}$ 和 $\kappa_{k,t}$ 分别表示地区—年份联合固定效应和行业—年份联合固定效应，从而更好地控制地区和行业层面随时间变化因素的影响。ε_{ict} 表示的是受时间变化影响的随机误差项，本书在城市层面对其进行聚类。

　　主要回归结果如表 4-8 所示，其中第（1）列是控制企业固定效应和年份固定效应的结果，第（2）列在第（1）列的基础上进一步控制了行业—年份联合固定效应和地区—年份联合固定效应。研究结果证实了大气污染防治重点城市政策显著地减少了企业的 SO_2 排放量，促使企业加强污染物的减排行为。具体来看，大气污染规制显著地减少了企业 14.9% 的 SO_2 排放量。但前文分析得出大气污染规制共计减少了城市层面 33.3% 的 SO_2 排放量，故结合机制分析结论可知，大气污染规制对于 SO_2 排放量的减少不仅来自于直接减少企业层面的 SO_2 排放量，还主要通过减少能源消耗量、加大城市污染治理力度、促进规制地区产业结构转型升级和提升生产技术水平等机制实现城市空气污染的有效治理。

表 4-8　大气污染规制对企业 SO_2 排放量的影响

被解释变量	（1）	（2）
	SO_2 排放量	SO_2 排放量
Post×Treatment	−0.108 ***	−0.149 ***
	（0.025）	（0.035）
Firm FE	YES	YES
Year FE	YES	NO
Industry−Year FE	NO	YES
Region−Year FE	NO	YES
观测值	83337	83337

　　注：括号内的为标准误，*** 、** 、* 分别表示 1%、5% 和 10% 的显著性水平，标准误聚类在城市层面。

本章小结

本章以 2003 年实施的大气污染防治重点城市政策为准自然实验，运用 DID 模型从区域层面分析了大气污染规制对城市空气污染治理的影响，研究发现，大气污染规制在 1% 的显著性水平下降低了重点城市的工业二氧化硫排放强度、工业二氧化硫排放量、城市 PM2.5 年均浓度值以及企业 SO_2 排放量，证明了大气污染规制对于城市环境治理产生了显著的影响，有利于重点城市的污染减排与空气质量的改善。进一步地，通过对大气污染规制的空气污染治理效应的量化计算发现，大气污染防治重点城市政策实施后有效减少了 12215.8 万吨城市工业二氧化硫排放量，并且使得城市 PM2.5 年均浓度改善 $2.97\mu g/m^3$，下降比分别达到了 36.2% 和 8.5%，平均每年减少了 3.7% 的城市工业二氧化硫排放量并降低 0.944% 的城市 PM2.5 浓度值。同时，本书还发现大气污染规制会直接促使企业在生产过程中减少 14.9% 的 SO_2 排放量。此外，本章节还结合理论分析框架中环境规制"倒逼减排"的传导机制深入分析了大气污染防治重点城市政策减少城市污染排放、改善区域环境质量的内在影响机制。研究发现，大气污染防治重点城市政策对于城市空气污染治理主要是通过减少能源消耗量、加大城市污染治理力度、促进规制地区产业结构转型升级和提升生产技术水平等因素予以实现。

然而，本章仅针对大气污染规制在区域层面（以及企业层面）的环境治理效应进行了分析，主要讨论的是大气污染规制政策对空气污染的防治有效性，还不能够反映出大气污染规制对微观企业的影响。这是因为受大气污染防治重点城市政策的影响，受规制地区的政府由于面临上级中央政府的监管和考核，往往会采取一系列区域层面的治理手段，例如减少地区能源使用量和加大污染治理投资等。但是，重点城市地区在被实施严格的环境规制后，同样还会对所在地区的企业进行一系列的管控和生产限制，那么微观企业在面对严格的大气污染规制政策时又会产生何种应对方式？企业的生产过程和资源配置是否会受到环境规制而发生改变？微观企业中的劳动者又会受到何种影响？这些问题将在本研究后续的实证分析中逐一进行分析讨论。

第五章
大气污染规制对企业
资源配置的影响研究

在第四章大气污染规制的空气污染治理效应的机制分析中，研究发现大气污染规制实现城市空气污染治理的两个重要原因是促进了规制地区产业结构转型升级和提升了城市生产技术水平，进而实现了大气污染规制的创新补偿效应，促进城市空气质量的改善。本章重点围绕大气污染规制的"成本增加效应"和"创新补偿效应"的比较，首次创新性地从微观工业企业层面分析了大气污染规制对于企业资源配置的经济效应。具体来看，本章将大气污染防治重点城市政策的实施视作大气污染规制的一次准自然实验，立足中国工业企业数据库（1998~2007年）并采用拓展的双重差分模型考察了大气污染规制对企业资源配置的影响及其传导机制。研究发现大气污染规制显著地降低了企业的产出扭曲系数，优化了企业的资源配置效率；同时，本章还基于环境规制的"成本增加效应"和"创新补偿效应"的比较视角，结合企业资源配置效率测算的理论模型公式，对大气污染规制影响企业资源配置的内在传导机制进行了系统性的分析检验。此外，本章还从企业异质性的角度，分析了不同行业内企业和不同所有权特征的企业受到大气污染规制对企业资源配置的影响作用存在差异。最后，本章的研究结论还证实了中国环境规制的"波特假说"效应的成立，这也是对第四章分析大气污染规制的空气污染治理效应影响机制的有效补充论证。

第一节　引　言

正如第二章文献综述部分对环境规制影响资源配置的现有文献进行的归纳总结，目前已有的相关研究更多集中于探讨环境规制对于行业层面资源配置效率的影响，主要通过汇总行业层面的全要素生产率离散程度反映资源错配程度，研究环境规制是否降低了行业资源错配，进而实现行业资源的优化配置。但是，工业企业作为环境规制在政策实施过程中最直接作用的微观对象，尚未有学者就环境规制对企业资源配置效率的经济影响进行分析。因此，本书以我国大气污染防治重点城市政策为准实验分析对象，主要分析在大气污染规制实施后，企业自身的生产要素投入会发生何种变化，同时探讨大气污染规制影响企业资源配置效率的主要传导机制。

大气污染规制对企业资源配置效率的影响可以从企业生产要素投入、技术创新和企业绩效三个方面展开讨论，目前主要存在以下两种有代表性的论点：一是"遵循成本说"，强调严格的环境规制会增加企业的治污成本，即将污染物的负外部性内化成为企业的生产成本，从而对企业的生产经营效率和利润水平产生作用。同时还会通过企业生产规模的调整与资源要素再配置等方式影响到企业生产结构（Gray，1987）。二是"创新补偿说"，也称"波特假说"（Porter and Van der Linde，1995）。该假说强调适当的环境规制政策可能会推动企业进行技术创新，优化企业的资源配置，提升企业竞争力和全要素生产率。因此，大气污染规制对企业资源配置效率的影响可能由规制所导致的"成本增加效应"与"技术创新效应"的权衡所决定（李蕾蕾和盛丹，2018）。具体来看，"成本增加效应"体现在受规制政策的影响，企业会增加生成过程中的治污成本投入，同时改变资本要素和劳动要素的投入，对资本和劳动配置扭曲产生影响，进而影响企业资源配置效率；"技术创新效应"则表现为合理的规制手段会促使企业通过改变生产工艺流程，不断优化企业生产技术水平和提升企业全要素生产率，有利于企业产生"创新补偿"效应，使得一部分甚至全部的企业"遵循成本"得到抵消，并降低企业生产过程中劳动和资本要素的扭曲，优化企业的资源配置效率。本书旨在探讨大气污染环境规制政策对于微观层面的企业资源配置效率的影响，而与现有文献中从要素配置扭曲的视角衡量企业资源配置效率相一致（步晓宁等，2019；张天华和张少华，2016），本书重点探究大气污染规制是否会影响企业内部的生产要素投入变化，改善企业资源配置的扭曲现状，最终对企业资源配置效率产生作用。

与现有的研究相比，本章实证研究内容的边际贡献如下：第一，在研究视角方面，本书创新性地以微观企业资源配置为切入点，基于 Hsieh 和 Klenow（2009）的理论模型计算出企业资源配置过程中的产出扭曲系数和资本扭曲系数，讨论大气污染规制对于企业资源配置的经济影响，而以往研究则主要是针对行业资源配置效率（韩超等，2017；李蕾蕾和盛丹，2018）或工业行业结构（童健等，2016）的影响分析；第二，在研究方法方面，本书首次利用中国大气污染防治重点城市政策为外生大气污染规制冲击，利用 1998~2007 年中国工业企业数据库，在准自然实验的框架下创新性地运用了考虑事前分组标准的 DID 拓展模型，从微观企业层面系统考察大气污染规制对于企业资源配置的影响以及作用机制，得到了更加可靠的政策效应估计值；第三，从环境规制的"成本增加效应"和"技术创新效应"对企业要素配置扭曲的影响，合理地分辨出大气污染规制影响企业资源配置的微观传导机制。研究结果还论证了"波特假说"效应在中国大气污染环境治理过程中得到体现，对于大气环境规制政策的有效制定具有一定的现实意义和参考价值。

本章后续结构安排如下：第二节介绍大气污染规制影响企业资源配置的理论模型以及研究假设；第三节为本章的研究设计，主要从制度背景、模型设定和数据说明与指标选取三个方面予以展开；第四节实证分析包括基准回归分析、异质性分析和稳健性检验；第五节为大气污染规制影响企业资源配置的微观机制分析；最后为本章小结。

第二节　理论分析与研究假说

一、企业资源配置效率测算框架

Hsieh 和 Klenow（2009）提出的垄断竞争模型从理论上描述了企业资源配置过程中要素投入扭曲与反映宏观经济效率的行业全要素生产率之间的关系，国内学者也借鉴其理论模型展开过制造业资源配置效率（龚关和胡关亮，2013）和中国资源配置效率动态演化（陈诗一和陈登科，2017）的相关研究。依据模型设定，企业在生产过程中分别面临资本要素投入扭曲和劳动要素投入扭曲，并将资本和劳动投入同时发生偏离的称作产出扭曲 τ_Y，而将促使资本和劳动投入产生相对偏离的称作资本扭曲 τ_K。企业的资源配置效率由计算出的企业层面的产出扭曲系数和资本扭曲系数予以反映，具体计算如下：

假定在一个完全竞争的最终产品市场内，为了生产市场中的最终产品 Y，厂商将市场中所有 s 个行业的产出 Y_s 视作中间投入生产产品 Y，采用的生产函数形式为柯布—道格拉斯生产函数：

$$Y = \prod_{s=1}^{S} Y_s^{\theta_s}, \quad \sum_{s=1}^{S} \theta_s = 1 \tag{5-1}$$

根据代表性厂商的成本最小化可得：

$$P_s Y_s = \theta_s P Y \tag{5-2}$$

式（5-2）中，P_s 代表行业 s 的产出 Y_s 的价格，由于是完全竞争的最终产品市场，故设定最终产品的价格 P 为 1。此外，假设 s 个行业的市场结构均为垄断竞争的，每个行业 s 的产出是由行业 s 内的所有 M_s 个企业可分产品加总的和，而各个企业之间的产品具有相互可替代性（假定替代弹性是 σ）。行业 s 内 M_s 个企业具有不同的全要素生产率 A_{si}，生产的产品 Y_{si} 采用柯布—道格拉斯生产技术进行生产，即

$$Y_s = \left(\sum_{i=1}^{M_s} Y_{si}^{\frac{\sigma-1}{\sigma}} \right)^{\frac{\sigma}{\sigma-1}}, \quad Y_{si} = A_{si} K_{si}^{\alpha_s} L_{si}^{1-\alpha_s} \tag{5-3}$$

式（5-3）中，σ 反映的是企业间异质性产品的替代弹性，A_{si} 是企业的技术水平（表示为企业的全要素生产率），K_{si} 为企业的资本要素，L_{si} 为企业的劳动要素，α_s 为资本要素的产出弹性，α_s 在行业间具有差异性，但对行业 s 内的企业是相同的。

根据 Hsieh 和 Klenow（2009）的定义，当处于垄断竞争市场的异质性微观企业投入资本和劳动两种要素进行生产时，可能会产生资本扭曲和产出扭曲。其中，产出扭曲（$\tau_{Y_{si}}$）会使得资本要素投入和劳动要素投入同时发生偏离，主要通过扭曲产品市场中企业的产品价格予以体现。例如，对受到政府额外征税、严格管控并限制生产规模的企业或面临更高交通成本的企业而言，会提高企业实际产品的相对价格，其面临的产出扭曲可能会大于零，此时资本要素投入和劳动要素投入都低于最优投入点，存在要素投入不足的问题；对受到政府政策性补贴较多的企业而言，会降低企业实际产品的相对价格，面临的产出扭曲可能小于零，此时资本要素投入和劳动要素投入都超出了最优投入点，导致要素的过度投入。资本扭曲（$\tau_{K_{si}}$）则会使得资本要素投入和劳动要素投入发生相对偏离，即市场出清时企业的资本边际收益产品对资本使用成本的偏离。例如，对较难得到银行贷款的企业需要用高于市场出清时的资本使用成本才可获取银行贷款，则该类型企业会相对较少地使用资本，导致企业的资本边际生产率和资本扭曲变得更大；对较易获得银行贷款的企业（例如国有企业）则相反，该类型企业将使用更多的资本，降低资本的边际生产率，进而缩小企业的资本扭曲。因此，在产出扭曲 $\tau_{Y_{si}}$ 和资本扭曲 $\tau_{K_{si}}$ 的影响下，微观企业 i 的利润函数可以表示为：

$$\pi_{si} = (1 - \tau_{Y_{si}}) P_{si} Y_{si} - w L_{si} - (1 + \tau_{K_{si}}) R K_{si} \tag{5-4}$$

式（5-4）中，w 表示企业的劳动要素投入的价格，R 表示资本要素的使用价格（记作资本成本），根据企业的利润最大化可以求得：

$$P_{si} = \frac{\sigma}{\sigma-1} \left(\frac{R}{\alpha_s} \right)^{\alpha_s} \left(\frac{w}{1-\alpha_s} \right)^{1-\alpha_s} \frac{(1+\tau_{K_{si}})^{\alpha_s}}{A_{si}(1-\tau_{Y_{si}})} \tag{5-5}$$

此时，可求得企业 i 的资本劳动比、劳动要素投入、产出规模、劳动要素和资本要素的边际产品收益依次为：

$$\frac{K_{si}}{L_{si}} = \frac{\alpha_s}{1-\alpha_s} \cdot \frac{w}{R} \cdot \frac{1}{(1+\tau_{K_{si}})} \tag{5-6}$$

$$L_{si} \propto \frac{A_{si}^{\sigma-1}(1-\tau_{Y_{si}})^{\sigma}}{(1+\tau_{K_{si}})^{\alpha_s(\sigma-1)}} \tag{5-7}$$

$$Y_{si} \propto \frac{A_{si}^{\sigma}(1-\tau_{Y_{si}})^{\sigma}}{(1+\tau_{K_{si}})^{\alpha_s\sigma}} \tag{5-8}$$

$$MRPL_{si} \triangleq \frac{\partial P_{si}Y_{si}}{\partial L_{si}} = (1-\alpha_s)\frac{\sigma-1}{\sigma}\frac{P_{si}Y_{si}}{L_{si}} = w\frac{1}{1-\tau_{Y_{si}}} \tag{5-9}$$

$$MRPK_{si} \triangleq \frac{\partial P_{si}Y_{si}}{\partial K_{si}} = \alpha_s\frac{\sigma-1}{\sigma}\frac{P_{si}Y_{si}}{K_{si}} = R\frac{1+\tau_{K_{si}}}{1-\tau_{Y_{si}}} \tag{5-10}$$

根据式（5-6）至式（5-8）可以发现，企业的资源配置除了受到企业的全要素生产率影响之外，还会受到企业所面临的产出扭曲和资本扭曲的影响。若企业的产出扭曲和资本扭曲为零（即不存在企业产出扭曲和资本扭曲），则企业的资源配置完全由企业间的技术水平（即企业的全要素生产率）决定，全要素生产率越高的企业，其劳动要素投入和企业的产出规模也就越大。反之，若存在产出扭曲和资本扭曲，则企业间的资本要素与劳动要素的边际收益产品将与其要素成本出现差异，此时会引起企业间全要素生产率的分布和企业要素投入和产出配置产生一定的偏离，导致出现企业间的资源错配现象。同时，进一步地结合企业 i 的资本和劳动边际收益产品的关系进行讨论，由式（5-9）和式（5-10）发现，在考虑不存在产出扭曲和资本扭曲的市场均衡状态下（即 $\tau_{Y_{si}} = 0$ 和 $\tau_{K_{si}} = 0$），劳动要素的边际收益产品 $MRPL_{si}$ 与劳动要素的使用成本 w 相等，资本要素的边际收益产品 $MRPK_{si}$ 也等于资本要素的使用成本 R。因此，劳动要素的边际收益产品和劳动使用成本的差可用来度量产出扭曲的情况，即 $1-\tau_{Y_{si}} = w/MRPL_{si}$，同理可得到资本扭曲的度量，即 $1+\tau_{K_{si}} = w \times MRPK_{si}/R \times MRPL_{si}$。依据利润最大化的一阶条件，可以将企业所面临的资本扭曲和产出扭曲分别表示为：

$$1+\tau_{K_{si}} = \frac{\alpha_s}{1-\alpha_s} \cdot \frac{wL_{si}}{RK_{si}} \tag{5-11}$$

$$1-\tau_{Y_{si}} = \frac{\sigma}{\sigma-1} \cdot \frac{wL_{si}}{(1-\alpha_s)P_{si}Y_{si}} \tag{5-12}$$

式（5-11）和式（5-12）相对于资本和劳动要素的边际收益产品的表达式而言，具有更加直接的经济含义：式（5-11）表明当企业的劳动报酬与资本存量之比高于企业所在行业 s 的劳动产出弹性与资本产出弹性的比时，式（5-10）的 $MPLK_{si}$ 将会偏离市场出清条件下企业所用的资本要素成本，导致产生资本扭曲。同理，式（5-12）表明当企业的劳动力报酬低于其所处行业 s 的产出相对于劳动力的弹性时，则会发生产出扭曲。因此，借鉴 Hsieh 和 Klenow（2009）的做法，将 $1+\tau_{Ksi}$ 表示为企业的资本扭曲系数，而 $1-\tau_{Ysi}$ 反映了企业的产出扭曲系数。此外，对式（5-11）和式（5-12）中部分参数进行校准：资本使用成本 R 可校准设定为 0.1；产品的替代弹性校准基于 Broda 和 Weinstein（2006）可设定为 3，资本的产出弹性设定为 0.33；企业劳动力要素投入的价格 w 用经过调整后的企业员工工资予以表示①。依据上述扭曲系数的计算公式可知：在给定产品的替代弹性和资本产出弹性情况下，当企业在生产过程中受到大气污染规制这一外生政策冲击影响时，企业的要素扭曲变化分别为产出扭曲变化和资本扭曲变化，并且分别受到企业劳动报酬与资本使用成本相对变化比例，以及企业劳动报酬与企业实际产出之间的相对变化比例的影响。

二、研究假说

根据前文分析，大气污染规制对企业资源配置的影响是由"成本增加效应"和"技术创新效应"的综合作用决定的，而企业在生产过程中要素扭曲（产出扭曲和资本扭曲）的变化主要体现的是环境规制的"成本增加效应"带来企业生产要素投入变化。一方面，通过调整企业的资本要素投入和劳动力要素投入进而影响企业的资本扭曲程度；另一方面，通过影响劳动力要素的投入占企业实际产出的比例进而对企业的产出扭曲产生作用。此外，还需要进一步讨论大气污染规制的"技术创新效应"对企业资源配置效率的影响。由于大气污染规制的"技术创新效应"有利于提升企业生产率进而产生"创新补偿"效应，可能使得一部分甚至全部的企业"遵循成本"得到抵消，降低企业生产过程中劳动和资本要素的扭曲，优化企业的资源配置效率。因此，本书还从大气污染规制对企业全要素生产率和劳动生产率的影响反映大气污染规制的"技术创新效应"，并进一步讨论企业全要素生产率变化对企业生产过程中的要素扭曲变化产生的影响，进而分析其对企业资源配置效率产生的影响。

此外，从企业的行业特征和所有权形式来看，大气污染规制对于企业资源配置的影响可能会存在明显差异。从行业特征的角度分析，首先，企业可以依据所

---

① 即将企业员工工资调整为所有企业工资总额占企业总产值 50% 的水平下的值，具体做法参考 Hsieh 和 Klenow（2009）。

处行业的生产经营特征被划分为出口企业和非出口企业。由于现实中出口企业的产品质量要求更高，往往采取更为清洁的生产技术，因此受到大气环境规制政策冲击的影响应该更小，大气污染规制对出口企业资源配置的影响可能会低于非出口企业。其次，企业还可以依据 ISIC（2011）的标准划分为高新技术行业企业、中高技术行业企业、中低技术行业企业和低技术行业企业。理论上而言，环境规制对于高新技术行业的负面影响会更小，但高新技术行业在面对环境规制政策时往往会有更加灵活的能力去进行企业内部的资源调整，甚至可以将其视为刺激企业内资源优化调整的挑战与契机，所以高新技术行业企业的资源配置受大气环境规制政策的影响可能会更大（Fu et al.，2011）。从企业的所有权特征来看，已有文献研究发现国有企业因其特有的政策应对能力和政企博弈能力，使其较之非国有企业而言受到环境规制的冲击效应更小，对企业生产经营造成的影响也会更小（Hering and Poncet，2014），因此国有企业的资源配置受大气污染规制的影响可能更小。

基于以上理论分析，本书提出以下研究假说：

假说 1：大气污染规制会对企业产生"成本增加效应"和"技术创新效应"，从而影响企业的资源配置（产出扭曲和资本扭曲程度）。

假说 2："成本增加效应"体现在大气污染规制会导致企业产出、资本要素和劳动要素投入发生变化，进而影响企业产出扭曲和资本扭曲，"技术创新效应"反映为大气污染规制对企业全要素生产率和劳动生产率产生影响。

假说 3：大气污染规制对企业资源配置效率的影响程度受到企业的行业特征和所有权特征的影响。

第三节　实证研究设计

本书将 2003 年正式实施的中国大气污染防治重点城市政策视为大气污染规制的一项准自然实验，利用双重差分法（DID）分析大气污染规制对于企业资源配置的经济效应。本书将大气污染防治重点城市和非大气污染防治重点城市的企业分别设为大气污染规制的处理组和对照组，但由于第一批 47 个大气污染防治重点城市早在 1998 年就开始实施了这一政策，因此，本书最终选取第二批 66 个大气污染防治重点城市的规模以上工业企业为大气污染规制政策的处理组样本，将剩余的非大气污染防治重点城市的企业设为控制组样本①。

一、模型设定

1. 基准 DID 模型

利用中国工业企业 1998～2007 年的数据，采用计量模型（5-13）分析大气污染规制对企业资源配置的影响，相关模型设定如下：

$$\ln(\text{reallocation})_{ict} = \beta_1 \text{Treatment}_i \times \text{Post}_{2003t} + \delta X'_{ict} + \alpha_c + \gamma_t + \varepsilon_{ict} \quad (5\text{-}13)$$

式（5-13）中，下标 i 为企业，c 为城市，t 代表年份。被解释变量 $\ln(\text{reallocation})_{ict}$ 为企业层面的资源配置效率，在本书中分别用资本扭曲系数 $1+\tau_{K_{si}}$ 和产出扭曲系数 $1-\tau_{Y_{si}}$ 予以表示。Treatment_i 反映的是大气污染规制虚拟变量，当企业位于大气污染防治重点城市内，即企业属于处理组时，$\text{Treatment}_i = 1$；反之，则 $\text{Treatment}_i = 0$。Post_{2003t} 表示的是大气污染规制实施时间的虚拟变量，$\text{Post}_{2003t} = 1$ 表示政策实施后（t ≥ 2003），$\text{Post}_{2003t} = 0$ 表示政策实施前（t<2003）。X'_{ict} 表示影响企业资源配置的企业层面的控制变量，本书参考步晓宁等（2019）对我国企业资源配置效率的相关研究，选择企业规模和企业资本密集度指标作为本书的控制变量。α_c 和 γ_t 则分别表示城市固定效应与年份固定效应，ε_{ict} 表示的是受时间变化影响的随机误差项，模型系数估计的标准误聚类到城市层面。因此，本书研究大气污染规制对于企业资源配置的影响大小即大气污染规制虚拟变量 Treatment_i 和政策实施时间 Post_{2003t} 的交乘项的系数 β_1。

同时，为了更好地保证 DID 估计的有效性以及政策评估效应不受到事前分组的影响，本章与第四章的实证研究设计相同，依照政策制定标准②对 2000 年全国有大气环境质量监测数据的 338 个城市综合经济能力及环境污染现状和城市是否属于两控区城市、大气环境质量是否达到二级标准、是否是国家重点旅游文化城

---

① 在文章的稳健性检验部分，本书进一步将所有 113 个大气污染防治重点城市的企业设为处理组样本，双重差分的实证结果依然保持稳健。此外，本书还进一步选取 2000 年时二氧化硫浓度达到环境空气质量二级标准的城市企业样本，理论上而言，该部分达标城市都不应被选作大气污染防治重点城市。因此，本书在控制其他影响大气污染防治重点城市分组标准的基础上，选择该部分于 2000 年达到空气质量二级标准且被选中为重点防治城市的城市企业为实验组，而达标城市中未被选为重点防治城市的城市企业样本为控制组，能够更好地保证 DID 分组的随机性。

② 《大气污染防治重点城市划定方案》规定在对 2000 年城市大气污染现状分析的基础上，划定一批"十五"期间的大气污染防治重点城市，选取依据为"对城市综合经济能力及环境污染现状的分析和有关省级人民政府同意 2005 年大气环境质量达标的承诺，重点选择经济特区城市、《"两控区"酸雨和二氧化硫污染防治"十五"计划》中要求 2005 年达标的地级城市、目前大气环境质量超标但有望在 2005 年达标的城市和一些急需加强保护的文化、旅游城市"。

市进行控制，能够有效地保证 DID 的分组随机性（Gentzkow，2006）。其中，城市综合经济能力用城市总人口和人均 GDP 予以反映，用城市单位面积 SO_2 排放量反映城市污染现状，其余 3 个大气污染防治重点城市分组选择标准则用虚拟变量予以表示。同时为了控制以上分组选择标准的时间变化差异对 DID 模型估计结果的影响，本书借鉴 Li 等（2016）的方法，将各分组选择标准的变量乘以时间多次项和与各年度的时间虚拟变量进行交乘。此外，为了进一步控制在地区和行业层面那些随时间变化的因素对于模型估计结果的干扰，本书参考 Zhang 等（2019）的研究，对 DID 模型中的固定效应控制进行了较为完善的设定[①]。首先，将我国按照地理分区划分为 7 个不同的区域[②]，并根据中国工业企业数据库中的二分位行业代码进行企业所处行业的划分。然后，在基准 DID 模型中分别加入地区—年份联合固定效应和行业—年份联合固定效应，从而更好地控制地区和行业层面因素的影响。需要注意的是，当本书在模型中加入了行业—年份和地区—年份的联合固定效应后，原有的年份固定效应会被吸收，因此在实证分析过程中无须同时将三者加入。具体地，本章基准 DID 估计模型如下所示：

$$\ln(reallocation)_{ict} = \beta Treatment_i \times Post_{2003t} + \delta X'_{ict} + (S \times f(t))'\theta + \alpha_c + \gamma_t + \sigma_{r,t} + \kappa_{k,t} + \varepsilon_{ict} \tag{5-14}$$

式（5-14）中，$\sigma_{r,t}$ 是地区—年份的联合固定效应，$\kappa_{k,t}$ 为行业—年份的联合固定效应，S 是大气污染防治重点城市的 6 个分组选择变量，f(t) 是时间 t 的多次项，分别用 S 乘以时间 t、t^2 和 t^3 作为控制变量，从而更好地保证各分组变量由于时间变化的差异对 DID 模型回归结果产生影响。同样，本书所研究大气污染规制政策对于企业资源配置的影响大小即大气污染规制虚拟变量 $Treatment_i$ 和政策实施时间 $Post_{2003t}$ 的交乘项的系数 β_1。

2. 异质性分析模型

在模型（5-14）的分析中，暗含着所有企业的资源配置受到大气污染规制影响都是相同的，但正如前文理论分析中所提到的，不同行业特征和所有权差异的企业受到的影响是有差别的。因此，在模型（5-14）中引入企业所处的行业

---

① 在基准回归结果的表中，本书还借鉴 Greenstone 等（2012）的方法，将行业—年份固定效应进一步地划分为二分位行业与时间固定效应交乘，以及四分位行业与时间固定效应交乘情况下的回归结果，结果依然保持稳健。

② 根据我国的地理分区标准，将北京市、天津市、河北省、山西省和内蒙古自治区设定为华北地区，将黑龙江省、吉林省和辽宁省设定为东北地区，将上海市、江苏省、浙江省、安徽省、福建省、江西省和山东省设定为华东地区，将河南省、湖北省和湖南省设定为华中地区，将广东省、广西壮族自治区和海南省设定为华南地区，将四川省、云南省、重庆市、西藏自治区和贵州省设定为西南地区，将青海省、陕西省、甘肃省、新疆维吾尔自治区和宁夏回族自治区设定为西北地区。

特征（按照企业是否为出口行业企业以及企业所处的行业技术水平进行划分）和所有权特征（是否国有企业）与$Treatment_i \times Post_{2003t}$的三重交互项，作为本书的异质性分析模型，具体模型形式如下：

$$\ln(reallocation)_{ict} = \beta_1 Treatment \times Post_{2003t} + \varphi heterogeneity_i \times Treatment \times$$
$$Post_{2003t} + \delta X'_{ict} + (S \times f(t))' \theta + \alpha_c + \gamma_t + \sigma_{r,t} + \kappa_{k,t} + \varepsilon_{ict}$$

$$(5-15)$$

其中，$heterogeneity_i$表示企业层面的异质性变量，包括：①企业所处行业特征层面异质性；$exported_i$反映的是按照企业行业特征划分为出口行业企业和非出口行业企业的虚拟变量；Tech反映企业所处行业的技术等级，参照ISIC（2011）进行行业赋值。②企业所有权层面异质性：ownership为企业所有权特征的虚拟变量，本书将所有企业划分为国有企业与非国有企业进行比较分析。因此，系数θ则是本书异质性分析中所关注的变量。

3. DID模型的有效性检验

平行趋势假设检验和动态效应分析：模型（5-13）的基准DID模型分析的是大气污染防治重点城市企业和非重点城市内企业资源配置受到大气污染规制影响的平均差异，即DID模型中所说的平均处理效应。在此基础上，本书进一步比较处理组城市和控制组城市企业的年度差异。通过模型（5-16）的设定，一方面可以检验大气污染规制发生前处理组和控制组样本是否满足平行趋势假设，另一方面还能进行政策影响效果的动态效应分析。

$$\ln(reallocation)_{ict} = \sum_{\mu=2000}^{2007} \beta_\mu Treatment_i \times Post^\mu + \delta X'_{ict} + (S \times f(t))' \theta +$$
$$\alpha_c + \gamma_t + \sigma_{r,t} + \kappa_{k,t} + \varepsilon_{ict}$$

$$(5-16)$$

其中，$Post^\mu$是年份虚拟变量（$\mu = 2000$，2001，$\cdots$，2007），若年份为2000年，则$Post^{2000} = 1$，其余均为0。在式（5-16）中，重点关注的是系数β_μ的变化，理论上，DID模型满足平行趋势假设检验的条件是β_{2000}、β_{2001}和β_{2002}都不显著，而$\beta_{2003 \leq \mu \leq 2007}$是显著的。此外，通过比较$\beta_{2003 \leq \mu \leq 2007}$的变化情况，能够分析大气污染规制对于企业资源配置的动态影响效果。

二、数据说明和指标选取

1. 数据说明

本书分析使用的基础数据为1998～2007年的中国工业企业数据库。该数据库由国家统计局负责记录统计，调查的对象包括了全部的国有工业企业和部分规模以上的非国有企业（规模以上企业指的是主营业务收入在500万元以上的企业）。聂辉华等（2012）对该数据库进行了较为详细的说明和使用方法，本书借鉴Brandt等（2012）的中国工业企业数据库处理建议：①采用序贯识别匹配法先后根据企业代码、企业名称、法人、企业所处地理位置的行政区码、电话、开业年和乡镇等信息进行相邻两年的匹配，再通过相邻三年的数据匹配进而匹配出最终1998~2007年的非平衡面板数据。②剔除企业主营业务收入、从业人数、总资产和固定资产净值缺失的观测值，并剔除不符合"规模以上"性质的企业（即销售额小于500万元或从业人数小于8人的观测值）。此外，依据会计准则剔除流动资产或固定资产净值大于总资产的企业，剔除本年折旧大于累计折旧的企业。最后，参照Bai等（2009）的设定，剔除企业利润率大于99%或者小于0.1%的企业。③为避免异常值的影响，对本书分析中直接使用的指标本年工资总额（包括主营业务应付工资总额和应付福利费总额）、职工总人数、工业总产值、工业增加值、资产总额、工业品中间投入、产成品规模等变量进行双边剔除0.5%的缩尾处理。④参照董香书和肖翔（2017）的方法，依照相应的物价指数对本书所使用的关键指标变量进行平减处理。⑤在生成的涵盖291个城市的企业全样本数据中，剔除属于第一批47个大气污染防治重点城市内的企业观测值。最终保留1998~2007年66个处理组城市和178个控制组城市的企业观测值为734850。

2. 指标选取

本书的被解释变量为企业的产出扭曲系数和资本扭曲系数，需要计算企业产出和企业的资本存量。因此，借鉴已有研究的定义（才国伟和杨豪，2019；简泽等，2018），企业产出水平使用经平减后的实际企业增加值予以度量，企业资本存量的计算参考杨汝岱（2015）的方法求出每个企业在不同年份的资本存量值。此外，在本书的第五部分中还将计算企业的全要素生产率，本书采用LP方法（鲁晓东和连玉君，2012）进行计算。

控制变量包括企业层面的企业规模和企业资本密集度指标，分别用企业总资产（对数形式）和企业人均固定资产（对数形式）这两个变量进行衡量。异质性分析的企业行业特征中①，出口行业企业的划分则依据企业当年是否产生出口

---

① 针对工业企业数据在2002年前后使用了两种不同的产业分类标准（GB/T 4754-1994和GB/T 4754-2002），本书在处理该数据库时将2002年之前企业所属的四位数行业代码按照2002年之后的产业分类标准进行统一。

交货值的标准设定，若企业出口交货值不为零值和缺失值，则 exported = 1，表示企业属于出口企业，反之则为非出口企业；企业所处行业技术水平则参照现有文献资料进行划分（ISIC，2011），并将低技术行业赋值为 1，中低技术行业赋值为 2，中高技术行业赋值为 3，高技术行业赋值为 4，具体行业分类见附表 3-1；企业的所有权特征用 ownership 虚拟变量表示，ownership = 1 表示企业为国有企业，ownership = 0 表示企业为非国有企业。此外，控制变量中还包含了城市层面的大气污染防治重点城市分组选择标准，前文已有详细介绍。

第四节　实证检验与分析

一、基本回归结果

本书的基本回归结果如表 5-1 和表 5-2 所示，表 5-1 和表 5-2 中的第（1）列为控制了城市和年份固定效应，但未加入企业层面控制变量和分组标准控制变量的回归结果；第（2）列在第（1）列的基础上进一步增加了行业固定效应；第（3）列控制了城市、行业和年份固定效应，并在第（2）列的基础上进一步增加了企业层面的控制变量；第（4）列则又在第（3）列的基础上加入大气污染防治重点城市的分组选择标准，同时，为了保证这些分组标准可能受到时间变化差异的影响对企业资源配置产生影响，因此还增加了各分组变量与时间趋势项 t 以及 t 的 2 次项和 3 次项的交乘项，从而保证了模型具有更加灵活的时间趋势假定；第（5）列为本书的基准回归结果，主要考虑了地区和行业层面可能随时间变化的某些因素对回归结果造成的冲击，故在第（4）列的基础上进一步控制了地区—年份联合固定效应、行业—年份联合固定效应，而由于单独的年份固定效应会被吸收，因此第（5）列在地区—年份与行业—年份两个联合固定效应的基础上再加入城市固定效应即可；第（6）列则在地区—年份联合固定效应和城市固定效应的基础上，进一步严格控制了行业和时间的联合固定效应，用以捕捉行业层面随时间变化的因素的影响，并且进一步细分了企业所处行业的划分标准，选择企业所属的四位数行业代码与年份进行联合固定；最后，本书在第（7）列中分析了控制企业和年份的固定效应下的回归结果。表 5-1 的回归结果显示，在考虑了企业层面的控制变量和大气污染防治重点城市分组标准变量后，大气污染规制对企业的资本扭曲系数影响并不显著，表明大气污染规制并未对企业间的资本流通速度产生影响，企业的融资水平和资本约束受到环境规制的影响较小。其中的主要原因是资本扭曲的变化是受企业从不同融资渠道获得信贷资金的成本和难易程度决定的，目前我国企业的资本扭曲主要源于政府对不同所有制企业的差异化信贷政策，导致企业间的融资成本呈现较大差异。大气污染环境规制的主要目标是通过优化企业清洁生产技术、限定企业污染排放量减轻地区环境污染水平，对企业在资本市场的融资变化影响较小。因此，大气污染规制对企业的资本要素相对于劳动力要素变化的影响不显著。

表 5-2 结果显示，在考虑各种不同层面的固定效应、控制变量、DID 事前分组标准和其他遗漏变量的影响后，大气污染防治重点城市这一环境规制政策对于重点城市内企业的产出扭曲系数产生了显著的负向影响，说明大气污染规制显著地提高了企业产出配置效率，有利于优化企业资源配置水平。其中，第（5）列作为本书的基准结果显示，我国在 2003 年实施大气污染规制政策后，大气污染防治重点城市中企业在产出扭曲系数上显著下降了 7.1%。因此，本书接下来将重点研究大气污染规制对企业产出扭曲的影响。

表 5-1　资本扭曲系数的基准回归结果

被解释变量：$1+\tau_{K_{si}}$	（1）	（2）	（3）	（4）	（5）	（6）	（7）
Treatment×Post	−0.466**	−0.464**	−0.200	−0.127	0.042	0.042	−0.013
	(0.225)	(0.233)	(0.156)	(0.151)	(0.148)	(0.144)	(0.139)
Firm−Control Variables	—	—	YES	YES	YES	YES	YES
Selection Criteria×T	—	—	—	YES	YES	YES	YES
Selection Criteria×T^2	—	—	—	YES	YES	YES	YES
Selection Criteria×T^3	—	—	—	YES	YES	YES	YES
City FE	YES	YES	YES	YES	YES	YES	—
Year FE	YES	YES	YES	YES	—	—	YES
2−Digit Industry FE	—	YES	YES	YES	—	—	—
Region−Year FE	—	—	—	—	YES	YES	—
2−Digit Industry−Year FE	—	—	—	—	YES	—	—
4−Digit Industry−Year FE	—	—	—	—	—	YES	—
Firm FE	—	—	—	—	—	—	YES
观测值	734850	734850	734850	734850	734850	734771	734850

注：括号内的为标准误，***、**、*分别表示 1%、5% 和 10% 的显著性水平，标准误聚类在城市层面。Selection Criteria 表示的是大气污染防治重点城市的分组选择标准变量，限于篇幅，基准回归的表中没有汇报各控制变量的回归结果，后表同。

表 5-2　产出扭曲系数的基准回归结果

被解释变量：$1+\tau_{K_{si}}$	（1）	（2）	（3）	（4）	（5）	（6）	（7）
Treatment×Post	-0.197***	-0.203***	-0.147***	-0.147***	-0.071***	-0.068***	-0.166***
	（0.012）	（0.011）	（0.010）	（0.012）	（0.013）	（0.013）	（0.012）
Firm-Control Variables	—	—	YES	YES	YES	YES	YES
Selection Criteria×T	—	—	—	YES	YES	YES	YES
Selection Criteria×T²	—	—	—	YES	YES	YES	YES
Selection Criteria×T³	—	—	—	YES	YES	YES	YES
City FE	YES	YES	YES	YES	YES	YES	—
Year FE	YES	YES	YES	YES	—	—	YES
2-Digit Industry FE	—	YES	YES	YES	—	—	—
Region-Year FE	—	—	—	—	YES	YES	—
2-Digit Industry-Year FE	—	—	—	—	YES	—	—
4-Digit Industry-Year FE	—	—	—	—	—	YES	—
Firm FE	—	—	—	—	—	—	YES
观测值	734850	734850	734850	734850	734850	734771	734850

注：括号内的为标准误，***、**、*分别表示1%、5%和10%的显著性水平，标准误聚类在城市层面。Selection Criteria 表示的是大气污染防治重点城市的分组选择标准变量。

二、异质性分析

在表5-2的基础上，本书进一步加入企业的行业特征和所有权特征与Treatment×Post的三重交互项，从而分析不同特征的企业受到大气污染规制对产出扭曲影响的差异。如表5-3所示，第（1）列和第（3）列的三重交互项系数为正，第（2）列的三重交互项系数为负，结论基本与前文的研究假设保持一致。具体来看，本书在第（1）列首先考虑了企业是否为出口企业的异质性。有学者认为出口企业在生产过程中可能存在海外生产交易时的清洁技术出口学习效应（Shapiro and Walker，2018），通过提升企业的生产技术进而提高了企业应对严格的大气污染规制的能力。其三重交互项回归结果为正也说明非出口企业相较于出口企业受到大气污染规制对降低产出扭曲系数的影响更大。表明了由于现实中对出口企业的产品质量往往具有更高的要求，使得出口企业在生产技术上更多地考虑环境污染减排目标，更多地使用清洁的生产技术，因此受到大气污染规制政策冲击的影响应该更小，最终导致大气污染规制对出口企业资源配置的影响低于非出口企业。第（2）列则分析了企业所处行业科技水平的异质性，回归结果显示高科技行业的企业在应对大气污染规制时拥有更强的资源优化能力，受大气污染规制对企业资源配置效率的提升效应更加显著。最后，按照企业所有权特征来看，国有企业的产出扭曲系数受到大气环境规制政策的减少作用比非国有企业更小，这是由国有企业特有的政企协商能力和风险应对手段决定的（Hering and Poncet，2014；Liu et al.，2017），国有企业受到规制政策的影响相对较弱，使得国有企业对大气污染规制优化企业资源配置的作用更小。因此，综合以上异质性分析结果，大气污染规制对改善企业资源配置的作用在非出口行业企业、高科技行业企业和非国有企业的影响更显著。

表 5-3　异质性分析

被解释变量：$1-\tau_{Y_{si}}$	（1）	（2）	（3）
Treatment×Post	−0.044***	−0.168***	−0.088***
	(0.013)	(0.019)	(0.013)
Treatment×Post×exported	0.047***	—	—
	(0.006)	—	—
Treatment×Post×Tech	—	−0.120***	—
	—	(0.012)	—
Treatment×Post×ownership	—	—	0.466***
	—	—	(0.050)
Firm−Control Variables	YES	YES	YES
Selection Criteria×T	YES	YES	YES
Selection Criteria×T^2	YES	YES	YES
Selection Criteria×T^3	YES	YES	YES
City FE	YES	YES	YES
Industry−Year FE	YES	YES	YES
Region−Year Fixed Effect	YES	YES	YES
观测值	734850	734850	734850

注：括号内的为标准误，***、**、*分别表示1%、5%和10%的显著性水平，标准误聚类在城市层面。Selection Criteria 表示的是大气污染防治重点城市的分组选择标准变量。

三、稳健性检验

为保证本书研究结论的可靠性，本书采取了一系列的稳健性检验方法，所有稳健性检验结果均再次证明了大气污染规制显著地降低了企业产出扭曲系数，优化了企业资源配置效率。

1. 平行趋势假设检验

表 5-4 的第（1）列回归结果可以直观地反映出 2003 年大气污染防治重点城市政策实施前，企业的产出扭曲系数不存在显著差异，即大气污染规制实施前符合共同趋势假设。同时，大气污染规制实施后的回归系数在 2003 年之后均显著为负，这进一步证实了本书的研究结论，即大气污染规制显著地降低了企业的产出扭曲系数。此外，本书将表 5-4 中第（3）列的回归结果用图 5-1 予以反映，并绘制了各年回归系数的 95% 置信区间，虚线反映了大气污染规制实施对企业产出扭曲系数的边际效应。从图 5-1 可以看出在 2003 年之前，大气污染规制的边际效应基本在 0 值附近，而从 2003 年大气污染防治重点城市政策实施后，边际效应线迅速向右下方倾斜，且 2003 年以后都在 -0.1 值线以下，说明了大气污染规制对企业的产出扭曲系数造成了显著的负向冲击影响。

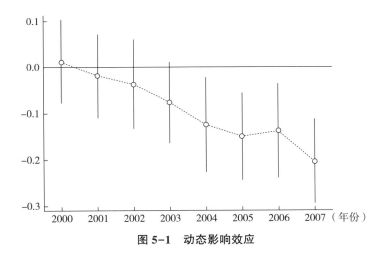

图 5-1 动态影响效应

2. 全样本检验

本部分稳健性检验将第一批 47 个重点城市内的企业加入到处理组的企业样本数据集中，而控制组样本保持不变，回归结果如表 5-4 中第（2）列所示，此时大气污染规制对于企业产出扭曲系数的负面影响变为 -4.6%，仅仅是在回归系数上发生变化，实证结果再次表明了大气污染规制对于企业资源配置效率起到了显著的改善效果。

3. 2000 年达到空气质量二级标准城市样本检验

如前文所述，在大气污染防治重点城市的主要选择标准之一中：依照《"两控区"酸雨和二氧化硫污染防治"十五"计划》规定，到 2005 年，2000 年环境空气二氧化硫年均浓度已达三级标准的地级以上城市需要达到国家二级标准。因此，各城市在 2000 年时是否已达到二氧化硫浓度环境空气质量二级标准也是城市被选作大气污染防治重点城市的重要标准之一。依据 2000 年数据，本书发现已有 119 个城市（含县级市）达到二氧化硫浓度环境空气质量二级标准。因此，理论上而言，在这 119 个已经达到空气质量二级标准的城市中，当控制了其他分组选择标准变量后，能够较好地保证此时的达标城市中被选为处理组城市和控制组城市的随机性。因此，在本部分稳健性检验部分，本书选择达标城市中被选中为大气污染防治重点城市的企业为处理组样本，而达标城市中非大气污染防治重点城市为控制组样本。回归结果如表 5-4 中第（3）列所示，此时大气污染规制对于企业产出扭曲系数的影响变为-11.5%，实证结果再次表明大气污染规制显著地降低了企业产出扭曲系数，优化了企业资源配置效率。

表 5-4　稳健性检验（一）

被解释变量：$1-\tau_{Y_{si}}$	（1）动态效应	（2）全样本检验	（3）达标城市样本
Treatment×Post	—	-0.046***	-0.115***
	—	(0.011)	(0.034)
Post（2000）	0.011	—	—
	(0.047)	—	—
Post（2001）	-0.019	—	—
	(0.046)	—	—
Post（2002）	-0.038	—	—
	(0.050)	—	—
Post（2003）	-0.078*	—	—
	(0.045)	—	—
Post（2004）	-0.126**	—	—
	(0.052)	—	—
Post（2005）	-0.151***	—	—
	(0.048)	—	—
Post（2006）	-0.139***	—	—
	(0.052)	—	—

续表

被解释变量：$1-\tau_{Y_{si}}$	（1）动态效应	（2）全样本检验	（3）达标城市样本
Post（2007）	−0.205 ***	—	—
	(0.047)	—	—
Firm-Control Variables	YES	YES	YES
Selection Criteria×T	YES	YES	YES
Selection Criteria×T^2	YES	YES	YES
Selection Criteria×T^3	YES	YES	YES
City FE	YES	YES	YES
Industry-Year FE	YES	YES	YES
Region-Year Fixed Effect	YES	YES	YES
观测值	734850	1292267	429022

注：括号内的为标准误，*** 、 ** 、 * 分别表示1%、5%和10%的显著性水平，标准误聚类在城市层面。Selection Criteria 表示的是大气污染防治重点城市的分组选择标准变量。

4. 三重差分（Difference-in-Difference-in-Differences，DDD）检验

在本部分稳健性检验中，本书进一步考虑到企业由于所处不同污染规模的行业特性，使得企业在面对大气污染规制时受到的规制强度有所差异，从而对本书的估计结果产生影响。因此，本书构建了基于企业数据的年份—行业—时间的三重差分模型，如式（5-17）所示：

$$\ln(reallocation)_{ickt} = \beta Treatment_i \times Post_{2003t} \times SO_{2k} + \alpha_{c,k} + \gamma_{c,t} + \kappa_{k,t} + \varepsilon_{ickt}$$

（5-17）

式（5-17）中，i 表示的是企业，c 表示的是企业所处的城市，k 表示的是企业所处的二位数行业，t 为年份。在模型中分别加入行业—城市联合固定效应（本研究还进一步尝试控制企业层面固定效应用于替换行业—城市联合固定效应进行检验），行业—年份联合固定效应和城市—年份联合固定效应，并将标准误聚类在 City-Industry 层面。对于 DDD 模型中第三重差分的行业差异设定，在借鉴现有文献中使用三重差分法研究环境规制政策效应的相关设定基础上（Cai et al.，2016；Hering and Poncet，2014；Shi and Xu，2018），本书一方面使用了工业行业年度 SO$_2$ 排放量（对数形式）反映行业特征差异，另一方面将工业行业 SO$_2$ 排放量按照50%的均值水平设定为二元 0-1 变量进行补充检验。具体的三重差分模型检验结果如表5-5所示。研究发现，在进行三重差分回归后，无论是使用工业行业 SO$_2$ 排放量还是使用工业行业 SO$_2$ 排放量 Dummy 变量，所有模型回归

中核心解释变量的显著性及符号均基本与前文双重差分保持一致，即大气污染规制显著地降低了企业产出扭曲系数，优化了企业资源配置效率，证明了本书主回归结果的稳健性。

表 5-5　稳健性检验（二）——DDD 检验

被解释变量：$1-\tau_{Y_{si}}$	（1）	（2）	（3）	（4）
Treatment×Post$_{2003}$×ln_SO$_2$_Emission	−0.017***	—	−0.015***	—
	（0.003）	—	（0.002）	—
Treatment×Post$_{2003}$×SO$_2$_Dummy	—	−0.086***	—	−0.050***
	—	（0.013）	—	（0.010）
Firm Fixed Effects	NO	NO	YES	YES
City-Industry Fixed Effects	YES	YES	NO	NO
City-Year Fixed Effects	YES	YES	YES	YES
Industry-Year Fixed Effects	YES	YES	YES	YES
观测值	734850	734850	734850	734850

注：括号内的为标准误，***、**、*分别表示1%、5%和10%的显著性水平，标准误聚类在City-Industry层面，并在三重差分模型中控制了企业固定效应、城市—年份联合固定效应和行业—年份联合固定效应。

5. 安慰剂检验——随机设定大气污染规制政策的实施时间

与第四章实证分析中的安慰剂检验不同，在本部分的稳健性检验中，本书主要通过随机设定大气污染防治重点城市政策的实施时间来对大气污染规制进行安慰剂检验，其原理是2003年实施的大气污染规制理应是由于当年采取了一系列严格的规制手段后，才会对企业资源配置产生显著的影响。因此，若本书随机将该政策设定在其他时间段，则不应该出现与本书基准回归结果相一致的结论，这样才能够从反面论证本书研究结论的可靠性。基于以上分析，本书随机将大气污染防治政策的实施时间设定为政策前后三年的任意一年，再来分析大气污染规制是否依然对产出扭曲系数产生显著影响。回归结果如表5-6所示，研究发现无论是将该政策设定2003年前后三年中的哪一年，大气污染规制的回归系数均不显著。因此，本部分的安慰剂检验从侧面论证了2003年实施的大气污染规制政策对企业资源配置效率优化作用的可靠性。

表 5-6　稳健性检验（三）——安慰剂检验

被解释变量：$1-\tau_{Y_{si}}$	政策实施前三年			政策实施后三年		
因变量	（1） Post = 2000	（2） Post = 2001	（3） Post = 2002	（4） Post = 2004	（5） Post = 2005	（6） Post = 2006
Treatment×Post$_{2000-2006}$	−0.038	−0.026	−0.066	−0.079	−0.079	−0.047
	（0.033）	（0.024）	（0.040）	（0.059）	（0.059）	（0.043）
Firm−Control Variables	YES	YES	YES	YES	YES	YES
Selection Criteria×T	YES	YES	YES	YES	YES	YES
Selection Criteria×T^2	YES	YES	YES	YES	YES	YES
Selection Criteria×T^3	YES	YES	YES	YES	YES	YES
City FE	YES	YES	YES	YES	YES	YES
Industry−Year FE	YES	YES	YES	YES	YES	YES
Region−Year Fixed Effect	YES	YES	YES	YES	YES	YES
观测值	734850	734850	734850	734850	734850	734850

注：括号内的为标准误，***、**、*分别表示1%、5%和10%的显著性水平，标准误聚类在城市层面。Selection Criteria 表示的是大气污染防治重点城市的分组选择标准变量。

6. 剔除同期其他大气污染治理政策的干扰

在本部分的稳健性检验中，为了排除同期其他实施的大气污染环境规制政策影响，本书同样继续考虑了2006年实施的"十一五"规划中对二氧化硫减排目标进行设定并纳入官员绩效考核的规制影响。具体来看，本部分稳健性检验剔除了2006年和2007年的样本数据。回归结果如表 5-7 中的第（1）列所示，研究发现尽管大气污染规制的回归系数有所变小，但依然呈现出对产出扭曲系数的显著负向作用，表明了大气污染规制显著地降低了企业产出扭曲系数，优化了企业资源配置效率，证明本书主回归结果比较稳健。

7. PSM-DID 检验

本部分内容采用倾向得分匹配—双重差分（PSM-DID）方法对其进行稳健性检验。基本思路是首先通过利用倾向得分匹配法，从大气污染防治重点城市政策实施前的对照组找出与处理组特征相似的企业样本，之后再将该企业在大气污染规制实施后的结果变量当成处理组样本的潜在结果替代。通过这样一次PSM的事前匹配方法，是为了尽可能地降低处理组和对照组企业样本在大气污染规制实施前的差异，从而尽量保证大气污染防治重点城市政策对所有企业造成影响的"随机性"，这在一定程度上能够缓解由于样本选择偏误所导致的内生性问题。

　　基于 PSM-DID 估计的思路和逻辑，本书先使用最近邻匹配算法对中国工业企业数据 1998~2002 年的各个样本进行逐年的匹配处理，再从大气污染规制实施后的企业数据集中删除规制实施前并未出现的样本，从而可以产生一个新的规制后的企业样本集合，最后本书将规制前和规制后的样本集进行合并即可得到最终的"干净的"匹配企业样本数据集。具体的处理过程如下：①先对 1998 年企业数据进行处理，本书利用倾向得分匹配的卡尺内最近邻匹配算法从 1998 年的非大气污染防治重点城市地区企业中匹配出与大气污染防治重点城市地区企业特征类似的控制企业样本集，即在非大气污染防治重点城市地区，在倾向得分匹配（PSM）的第一步 logit 离散选择模型"大气污染防治重点城市"入选的概率预测估计中，根据现有的一些研究（Bernard et al., 2011；董香书和肖翔，2017），本书选择要素禀赋（企业固定资产净值除以企业职工总人数的对数形式）、企业年龄、企业销售规模（企业总销售额的对数形式）、劳动生产率（企业工业总产值除以职工总人数的对数形式）、是否是国有企业 5 个变量作为匹配特征进行控制，这样本书就可以匹配出 1998 年企业样本集。②重复第一步的做法，本书可以分别匹配出 1999 年、2000 年、2001 年和 2002 年的企业样本集，同时还对每年匹配出的企业样本集进行平衡检验。根据本书各年平衡检验结果，处理组和对照组的企业样本的每一年各个变量匹配后的标准偏差均在 5% 以下，符合 Rosenbaum 和 Rubin（2012）提出的满足匹配要求的平衡性假设条件①。③合并第一步和第二步匹配出的各年的企业样本数据集形成 1998~2002 年企业面板数据库。④再对剩余年份的工业企业数据（2003~2007 年）进行处理：剔除 2000~2002 年新数据集中未曾出现过的观测值以保持样本的干净。⑤合并上述大气污染防治重点城市政策实施前 1998~2002 年的工业企业数据和实施后 2003~2007 年的工业企业数据，最终得到的 1998~2007 年工业企业数据库即为本书倾向得分匹配完成后的企业样本库。

　　经过 PSM 之后的企业样本总数为 428304，此时研究大气污染规制对企业资源配置影响的 DID 基准模型将不需要增加企业层面的控制变量和城市层面的分组标准控制变量，基准回归结果如表 5-7 的第（2）列所示，实证结果再次表明大气污染规制显著地降低了企业产出扭曲系数，优化了企业资源配置效率。

　　8. 伪证检验（Falsification Test）

　　本部分稳健性检验基本思路是考虑大气污染防治重点城市政策主要是为了改

---

① 限于篇幅，平衡性检验结果不做汇报，留备索取。

善城市空气质量，要求所有大气污染防治重点城市应加快城市能源结构调整。通过推进清洁生产、强化对机动车污染排放的监督管理、控制城市建筑工地和道路运输的扬尘污染等措施改善城市空气质量，并由生态环境部（原国家环境保护总局）等部门对该部分工作进行监督检查。本书认为受到该大气污染规制政策影响的主要是面临减排要求和推广清洁技术设备的企业，而当企业排放其他污染源较高时，受到该空气污染环境规制政策影响应当不显著。因此本书以水污染排放的视角为切入点进行伪证检验，即对 1998~2007 年中国工业企业数据库中水污染排放前 25% 的企业样本进行回归，若发现大气污染防治重点城市对以水污染排放为主的企业产出扭曲系数影响不显著，则从侧面证实本书的基本结论。具体地，本书收集了 1998~2007 年所有工业行业的水污染排放数据，将其除以各企业的总资产得到所有企业年度的水污染排放量，并提取出水污染排放排名前 25% 的企业进行回归，回归结果如表 5-7 第（3）列所示，发现大气污染规制对企业产出扭曲系数的影响不显著，证实了原文的基本结论。

9. 考虑企业迁移的影响（Tests for Firm Sorting）

环境经济学中的经典理论"污染避难所假说"（Pollution Haven Hypothesis，PHH）认为污染企业会迁往环境规制宽松的地区。针对这一假说，Candau 和 Dienesch（2017）提出了一个关于污染避难所的理论模型，并就 2007~2009 年欧洲关联企业的选址进行了实证分析。他们通过运用结构模型和简约模型进行估计，发现污染避难所对欧洲企业也是成立的，环境标准会显著影响污染关联企业的选址，且政府监管强度中等的国家更能吸引污染企业迁入。因此，本书同样考虑到大气污染防治重点城市政策实施后是否会对企业的迁移选址产生影响，参考 Fu 等（2017）的方法对原始数据进行处理，剔除了 1998~2007 年发生了企业迁移行为的样本再进行回归分析，结果如表 5-7 第（4）列所示，在控制了大气污染规制对企业迁移选址可能造成的影响，进而对本书估计结果可能产生的偏差后，大气污染规制对企业产出扭曲系数的负面效应依然显著，与本章基准结论保持一致。此外，本书还考虑了企业在 2003 年政策发生后的退出和进入对于回归结果造成的偏差，因此，表 5-7 第（5）列是剔除了 2003 年企业退出后的样本回归结果，表 5-7 第（6）列是剔除了 2003 年企业新进入后的样本回归结果，结果显示考虑了企业的发生的退出和进入后，回归结果依然保持稳健。

10. 考虑政策的空间溢出效应（Tests for Spatial Spillover Effects）

本书同时还考虑了大气污染规制政策的空间溢出效应，本书认为在实施严格的环境规制措施后，不仅会对当地企业的资源配置产生显著的改善作用，还有可能对于重点城市周边地区产生外溢效应。因此，本部分首先剔除了控制组中原有66个重点城市企业的样本，再选择将与第二批66个大气污染防治重点城市相邻的城市的企业作为控制组样本，剩余的非相邻城市企业作为处理组样本，检验大气污染规制政策的空间溢出效应是否会影响实证结果。回归结果如表5-7第（7）列所示，结果表明在考虑了大气污染规制政策的空间溢出效应下，大气污染防治重点城市政策的实施依然会显著降低企业产出扭曲系数，优化企业资源配置效率。

表5-7 稳健性检验（四）

被解释变量：$1-\tau_{Y_{si}}$	（1）考虑 SO_2 减排政策	（2）PSM-DID	（3）伪证检验	（4）剔除发生迁移企业	（5）剔除新退出企业	（6）剔除新进入企业	（7）考虑空间溢出效应
Treatment×Post	-0.039 ***	-0.043 ***	-0.109	-0.129 ***	-0.075 ***	-0.062 ***	-0.170 ***
	(0.013)	(0.014)	(0.195)	(0.047)	(0.013)	(0.013)	(0.051)
Firm-Control Variables	YES	—	YES	YES	YES	YES	YES
Selection Criteria×T	YES	—	YES	YES	YES	YES	YES
Selection Criteria×T^2	YES	—	YES	YES	YES	YES	YES
Selection Criteria×T^3	YES	—	YES	YES	YES	YES	YES
City FE	YES	YES	YES	YES	YES	YES	YES
Industry-Year FE	YES	YES	YES	YES	YES	YES	YES
Region-Year Fixed Effect	YES	YES	YES	YES	YES	YES	YES
观测值	439569	428304	260417	716439	665393	588110	418422

注：括号内的为标准误，*** 、 ** 、 * 分别表示1%、5%和10%的显著性水平，标准误聚类在城市层面。Selection Criteria 表示的是大气污染防治重点城市的分组选择标准变量。

第五节 微观机制检验：大气污染规制如何影响企业资源配置

上文的实证结果显示，大气污染规制显著地降低了企业的产出扭曲系数，起到优化企业资源配置的作用，但仍需进一步探讨大气污染规制是通过何种微观机制降低企业的产出扭曲系数，进而影响企业的资源配置。首先，本书就企业面临的产出扭曲现状进行分析，通过计算发现所有企业的产出扭曲系数 $1-\tau_{Y_{si}}$ 在不同年份的均值都在 1.7 以上，说明目前我国工业企业面临的产出扭曲 $\tau_{Y_{si}}$ 为负，即产品市场中企业实际产品的相对价格更低，存在要素过度投入的问题，这也与我国当下面临的产能过剩现状保持一致[①]。席鹏辉等（2017）指出产能过剩会对资源配置效率产生严重的负向影响，产品价格的下调会导致企业收益的不断下降，而企业大量库存产品会产生额外的成本负担，导致资源闲置。因此，结合企业产出扭曲系数的定义和计算公式，并借鉴李艳和杨汝岱（2018）对企业资源配置效率改善的研究思路，从大气污染规制对企业工业产值（$P_{si}Y_{si}$）和就业人数（L_{si}）的影响分析大气污染规制对企业产出扭曲系数的作用机制，观测大气污染规制是否引起了企业的"成本增加效应"。同时，还进一步考虑大气污染规制的"技术创新效应"对企业资源配置效率的影响，分别检验大气污染规制是否提升了企业的劳动生产率和全要素生产率，从而提升产品的竞争力和价格，降低企业产出扭曲系数，对企业资源配置效率起到优化作用。综上，本书的微观机制分析模型如下：

$$\ln \text{Mechanism}_{ict} = \beta \text{Treatment} \times \text{Post}_{2003t} + \delta X'_{ict} + (S \times f(t))'\theta + \alpha_c + \gamma_t + \sigma_{r,t} + \kappa_{k,t} + \varepsilon_{ict}$$

$$(5-18)$$

式（5-18）中，Mechanism_{ict} 分别为企业的工业产值、就业人数、劳动生产率和全要素生产率。其中，企业的工业产值用企业当年的工业增加值（对数形式，$\ln\_\text{Product}_{ict}$）反映，企业的就业人数用企业当年的劳动力人数（对数形式，$\ln\_\text{Employment}_{ict}$）表示，劳动生产率（Labor Productivity）用当年企业增加值与企业当年劳动力人数的比例（对数形式，$\ln\_\text{LP}_{ict}$）表示，企业全要素生产率的计算参考鲁晓东和连玉君（2012）与杨汝岱（2015）的研究，运用 LP 方法（Levinsohn and Petrin，2003）计算企业层面的全要素生产率（对数形式，$\ln\_\text{TFP}_{ict}$）。机制分析的回归结果见表 5-8。

表 5-8 回归结果的第（1）列和第（2）列是大气污染规制的"成本增加效应"检验，第（3）列和第（4）列是大气污染规制的"技术创新效应"检验。回归结果显示，大气污染规制显著地增加了企业的工业产值，减少了企业的劳动力就业人数。一方面，表明在实施大气污染防治重点城市政策后，重点城市内的企业原先存在的要素过度投入问题得到缓解，反映在劳动力要素过度投入得到改善。另一方面，从式（5-12）中可以得知，在给定企业产品替代弹性和资本的

① 习近平主持召开中央财经领导小组第十一次会议 [EB/OL]．[2015-11-10]．http://www.xinhuanet.com//politics/2015-11/10/c_1117099915.htm.

产出弹性下，大气污染规制引起的企业产值和劳动力要素变化将有利于降低企业产出扭曲系数，优化企业资源配置效率。此外，表5-8第（3）列和第（4）列的回归结果显示，大气污染规制显著提升了企业的劳动生产率和全要素生产率，体现了大气污染防治重点城市政策的"技术创新效应"，企业的工业产值并未由于劳动要素投入的减少而降低，反而由技术创新和劳动生产率的提升产生"创新补偿"效应，使得大气污染规制导致的部分"遵循成本"得到抵消，降低企业生产过程中要素投入扭曲，优化企业的资源配置效率。这也与经典的"波特假说"理论保持一致。因此，大气污染防治重点城市政策对于优化企业资源配置效率的微观传导机制体现在：大气污染规制能够显著减少企业在生产过程中要素过度投入的问题，使得劳动要素向最优投入点靠近，减少企业的劳动报酬占企业产值的比例，进而降低企业产区扭曲系数，优化资源配置效率。此外，大气污染环境规制通过提升企业劳动生产率的方式提升劳动要素的边际收益产品，并通过企业全要素生产率的方式提升企业工业产值，有利于提升企业劳动力和产品的竞争力，并促使企业的要素投入不断优化，改善企业的资源配置。

表5-8 机制检验

被解释变量	（1）ln_Product	（2）ln_Employment	（3）ln_LP	（4）ln_TFP
Treatment×Post	0.081 ***	−0.047 ***	0.071 ***	0.064 ***
	(0.006)	(0.005)	(0.006)	(0.006)
Firm−Control Variables	YES	YES	YES	YES
Selection Criteria×T	YES	YES	YES	YES
Selection Criteria×T^2	YES	YES	YES	YES
Selection Criteria×T^3	YES	YES	YES	YES
City FE	YES	YES	YES	YES
Industry−Year FE	YES	YES	YES	YES
Region−Year Fixed Effect	YES	YES	YES	YES
观测值	734850	734850	734850	734850

注：括号内的为标准误，*** 、** 、* 分别表示1%、5%和10%的显著性水平，标准误聚类在城市层面。Selection Criteria 表示的是大气污染防治重点城市的分组选择标准变量。

本章小结

企业作为大气污染规制直接作用的微观主体，研究大气污染规制政策对工业企业的影响尤为重要。本章讨论了大气污染规制的实施是否会对经济资源配置产生影响，尤其是对直接受到政策冲击影响的微观企业的资源配置产生何种影响？尽管目前已经逐步出现研究中国环境规制对行业资源配置效率或行业资源错配影响的文献，但是从微观企业的视角解释大气污染规制对企业资源配置影响的研究极其少见，除此之外，大气污染规制通过何种传导机制影响企业资源配置同样并不明确。

本章基于第四章得到的大气污染规制通过促进城市生产技术水平提升实现空气污染治理的结论，进一步分析了大气污染规制对于企业资源配置的影响。以2003年入选第二批大气污染防治重点城市政策作为识别大气污染规制的准自然实验分析框架，利用微观的中国工业企业数据库，通过计算出企业资源配置过程中的产出扭曲系数和资本扭曲系数，讨论大气污染规制对于企业资源配置效率的影响及其微观传导机制。研究发现：首先，相较于非重点城市内的企业，大气污染规制对企业资源配置效率的影响主要是降低了企业的产出扭曲，而对企业的资本扭曲影响不显著。同时结合目前中国工业企业的产出扭曲现状在生产过程中要素存在过度投入的问题，使得企业要素投入偏离了最优投入点。大气污染规制的实施显著降低了企业的产出扭曲系数，提升了企业实际产品的相对价格，起到了优化企业资源配置的作用。其次，就异质性企业所面临的不同大气污染规制影响程度而言，非出口行业企业、高新技术行业企业和非国有企业受到大气污染规制对企业资源配置的优化作用更加显著。最后，本研究发现大气污染规制优化企业资源配置的主要传导机制是减少企业生产过程中过度投入的劳动要素，降低企业劳动报酬与企业实际产出之间的比例进而降低企业的产出扭曲系数，同时还通过提升企业劳动生产率和全要素生产率方式增加了企业的工业产值，提升产品竞争力，通过"创新补偿效应"使得环境规制导致的部分"遵循成本"得到抵消，降低企业生产过程中要素投入扭曲，优化企业的资源配置效率。这同时也证实了中国环境规制的"波特假说"效应，反映出严格的环境规制政策有利于提升企业的生产技术水平与全要素生产率，优化企业资源配置效率。

值得提出的是，在本章节的机制分析部分研究发现，大气污染规制优化企业资源配置的主要传导渠道之一是减少企业生产过程中过度投入的劳动要素，并且发现 2003 年实施大气污染防治重点城市政策后，大气污染规制显著减少了企业劳动力就业人数，该结论也是对研究环境规制对劳动力市场的影响相关领域文献的一次重要补充。然而，正如前文文献综述部分所提到的，工资作为劳动力市场的重要组成部分，同样值得进行深入的研究。因此，本书还将就环境规制对企业工人工资收入变化的经济效应展开研究，探讨大气污染规制的实施究竟会对企业员工产生怎样的经济影响？以及这些影响造成的企业员工收入发生多大的变化？这些问题都将在下一章进行深入的讨论分析。

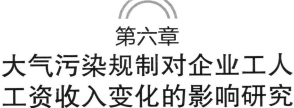

第六章
大气污染规制对企业工人
工资收入变化的影响研究

本章旨在分析大气污染规制对企业工人工资收入变化的经济效应，一方面创新性地以"工资"视角为切入点展开研究，补充了现有文献在环境规制对劳动力市场经济影响研究领域的部分空白；另一方面，本章还是前文两章实证分析的有效起承和归纳。基于第五章大气污染规制对企业资源配置的经济效应研究结论，本书发现大气污染规制优化企业资源配置主要影响渠道是减少企业生产过程中过度投入的劳动要素，通过降低企业劳动报酬与企业实际产出之间的比例进而降低企业的产出扭曲系数。因此，本书继续从劳动力市场中的工人收入报酬进行分析，是对第五章分析大气污染规制的经济资源配置效应的进一步深入研究。此外，在本章的第五节还结合了第四章大气污染规制的防治成效分析结果，开展了中国大气污染防治重点城市政策环境经济效应的福利分析，并对本书分析中国城市空气污染治理的环境和经济效应进行了较好的归纳和总结。具体来看，本章主要包括以下内容：首先，利用准实验的分析方法，分析大气污染规制对企业工人工资收入变化的影响，同时还将工人工资收入划分为工资净收入和福利收入两部分，从而分析了大气污染规制对工人收入结构的影响。其次，讨论了大气污染规制影响企业工人工资的内在传导机制，并进行了基于企业生产规模差异、产业特征差异和所有权特征差异的异质性分析。最后，结合前文大气污染规制的空气污染治理效应，对中国大气污染防治重点城市政策进行了相关福利分析。

第一节　引　言

近年来，环境规制对于劳动力市场的影响成为越来越多劳动经济学和环境经济学领域学者们广泛关注的焦点（Berman and Bui，2001a；Cole and Elliott，2007；

Gray et al., 2014；Greenstone, 2002；Greenstone and Gayer, 2009；Kube et al., 2018；Morgenstern et al., 2002；Sheriff et al., 2019；Vona et al., 2018；Walker, 2011, 2013）。对中国而言，一方面，随着工业化进程的迅速发展，经济增长与生态环境保护之间的矛盾日益尖锐，迫使政府不断加强环境规制，对经济社会发展产生了一定的负面影响（Cai et al., 2016；Chen et al., 2018b）；另一方面，劳动力市场中最关键的两个组成部分就业和工资，不仅关系着人们自身的切实利益，还会影响到国家改革发展稳定的大局。党的十九大报告也明确指出就业是最大的民生，必须实现在经济增长的同时保证居民收入的同步增长，不断提高就业质量和人民收入水平。可是环境规制引起的企业生产成本增加，通常会导致劳动力市场发生变化（Hafstead and Williams Ⅲ, 2018）。因此，研究环境规制对于就业和收入的影响有利于实现趋利避害，更好地达成生态环境保护和劳动力市场的双赢目标。

然而，如第二章文献综述部分所归纳总结的，目前有关环境规制与劳动力市场关系的文献主要集中在对劳动力就业的影响。早期的研究认为环境规制由于增加了企业的治污成本和生产成本，使得企业竞争力下降和生产规模缩小，导致企业对于员工人数的需求和接纳能力都有所下降，对劳动力就业产生了负面影响（Greenstone, 2002）。与之不同的是，Morgenstern 等（2002）运用行业层面的局部均衡分析框架，从成本效应、需求效应和要素替代效应三个方面讨论了环境规制如何影响企业劳动力需求变化，发现劳动力就业需求受到环境规制的影响是不确定的。许多国内学者沿袭这一思路展开了中国环境规制对劳动力就业的影响研究，主要存在以下几种观点：第一种观点认为由于劳动力和污染品之间存在总替代关系，环境规制有利于促进就业增长（Yamazaki, 2017；邵帅和杨振兵，2017；孙文远和程秀英，2018）；第二种观点认为环境规制对企业生产造成一定的负面影响，使得企业的劳动力需求不断减少，减少了就业（Curtis, 2018；Liu et al., 2017；Sheriff et al., 2019）；还有部分研究发现环境规制不会对企业的就业产生显著的影响（Gray et al., 2014；Vona et al., 2018；崔广慧和姜英兵，2019a）。综上，现有研究已经就环境规制对就业影响的问题展开了较为充分的讨论，但工资作为劳动力市场中另一个重要的组成部分，却还鲜有文献分析环境规制对于劳动力工资变化的影响。同时，现有文献里专门针对大气污染环境规制政策的相关研究则更少，而且还是从城市层面展开的实证分析（秦明和齐晔，2019），且并未就大气污染规制影响工人工资变化的内在传导机制进行分析（闫文娟和郭树龙，2018）。因此，现有研究大气污染规制与劳动力市场关系的认识还有待进一步完善。本章节的核心目标是探讨我国大气污染规制对于企业员工工资变化的影响，同时还就大气污染规制对工人工资收入结构变化的影响进行讨论，旨在填补环境规制对劳动力市场影响的部分领域空白。

2002 年底原国家环境保护总局（现隶属于中华人民共和国生态环境部）在 1998 年划定的第一批 47 个大气污染防治重点城市的基础上，进一步新增了 66 个城市为第二批大气污染防治重点城市并于 2003 年初正式实施，要求所有 113 个城市的 CO_2、SO_2 和 NO_2 等大气污染物排放量达到大气环境质量标准，这一历史事件为本章分析大气污染规制对于企业员工工资的经济影响提供了极好的准自然实验。本章通过运用双重差分法（Difference in Difference，DID）并结合中国工业企业数据库（1998~2007 年）的微观数据，考察大气污染防治重点城市政策实施后大气污染规制对企业工人工资收入变化的经济影响。通过本书的 DID 估计发现，大气污染规制在 1% 的显著性水平下减少了企业工人的工资和福利收入。

本书的研究创新主要体现在以下几个方面：第一，在研究视角方面，员工收入是劳动力市场的重要组成部分，而以往的政策效应分析并未从企业员工工资的视角进行展开。本研究首次以工资为劳动力市场的切入点，讨论大气污染规制对于企业员工工资的影响，是对以往关于环境规制对劳动力市场影响研究的重要拓展。同时，本书还将企业的员工工资分解为净工资收入和福利收入，发现不论是净工资收入还是福利收入都会受到大气污染规制的负面影响，但大气污染规制对工人福利收入的负面影响会显著高于工资净收入的负面影响。第二，就研究方法和数据使用而言，现有关于环境规制政策效应分析的研究主要难点在于如何解决内生性问题。本书首次利用中国大气污染防治重点城市政策的实施作为一项准自然实验，构建了 1998~2007 年企业层面的面板数据，并将重点城市的事前选择依据加入到双重差分模型中，能够较好地消除内生性问题的影响，保证本书实证结果的可靠性。第三，通过对大气污染规制影响企业员工工资的机制分析，能够识别出当前我国企业面对大气污染规制时主要采取何种治污减排措施，同时分析出企业在采取不同的治污减排方式后对于员工收入造成的影响，为我国设计合理有效的大气污染规制政策提供建议。第四，本章结合大气污染防治重点城市政策的空气污染治理效应与工人工资收入变化的经济效应结果，首次尝试开展大气污染规制的福利分析。通过与已有文献中空气污染治理的经济成本相关结论的比较，分析中国大气污染防治重点城市政策对工人工资收入变化的经济效应究竟是否超出了人们预期的治理支付意愿。

本章接下来的结构安排如下：第二节重点介绍了本章内容所使用的理论模型以及研究假设；第三节介绍了中国大气污染防治重点城市政策的制度背景，以及如何设定本章的计量回归模型和研究数据的运用；第四节为本章的实证分析结果，并且对异质性企业展开实证分析，同时还进行了一系列的稳健性检验分析、微观机制分析和异质性分析；第五节进一步讨论了中国大气污染防治重点城市政策的福利分析；最后一部分是本章小结。

第二节　理论模型与研究假设

现有文献在分析环境规制影响劳动力市场的微观理论机制时主要借鉴 Berman 和 Bui（2001a）的标准新古典微观经济学分析框架（Liu 等，2017）、Morgenstern 等（2002）提出的行业层面的局部均衡分析框架以及 Cole 和 Elliott（2007）提出的将污染引入生产的局部均衡模型。但上述文献都是针对环境规制影响劳动力就业需求的理论分析，本书则在已有文献的理论框架基础上进一步讨论大气环境规制对于企业员工工资影响的微观机制。

同样地，本书将污染物排放视为微观企业的一种生产要素，而企业的污染投入价格可由大气污染规制的强度反映，设企业的生产函数形式为柯布—道格拉斯生产函数，即

$$Y = X^{\alpha}L^{\beta}Z^{\gamma}, \ 0 < \alpha, \ \beta, \ \gamma < 1 \tag{6-1}$$

式（6-1）中，Y、X、L 和 Z 分别表示企业的产出、污染投入、劳动力投入和其他生产要素投入，α、β、γ 则代表企业各类投入的产出弹性系数。此时，企业的利润表达式为：

$$\pi = PX^{\alpha}L^{\beta}Z^{\gamma} - MX - NZ - WL \tag{6-2}$$

式（6-2）中，P、M、N 和 W 分别表示企业产品的价格、污染投入的价格、其他生产要素投入的价格和劳动力投入的价格（记为企业的员工工资）。随着政府加强对大气污染规制的监管力度，企业在生产过程中所支付的治污成本也将不断增加，此时企业污染投入的价格 M 将会持续上涨。由此可知，污染投入的价格 M 与大气污染规制强度是正向的相关关系，价格 M 在一定程度上可以反映出大气污染规制的强度。依据厂商利润最大化的原则，分别对企业的利润 π 关于 M、N 和 X 求偏导，则可以计算出企业劳动力投入关于污染投入的表达式：

$$L = \frac{\beta}{\alpha W}MX \ \Rightarrow \ W = \frac{\beta}{\alpha L}MX \tag{6-3}$$

在式（6-3）中对企业的员工工资 W 关于企业污染投入的价格 M 求偏导，进而求出大气环境规制政策的强度变化对于企业的员工工资的影响。即

$$\frac{dW}{dM} = \frac{\beta}{\alpha L}\ (X+M\cdot\frac{dX}{dM}) = \frac{\beta}{\alpha L}X\ (1+\frac{M}{X}\cdot\frac{dX}{dM}) = \frac{\beta}{\alpha L}X\ (1-\upsilon_{XM}),\ \upsilon_{XM} = -\frac{M}{X}\cdot\frac{dX}{dM}$$

$$(6-4)$$

如式（6-4）所示，υ_{XM} 反映的是企业污染投入的价格弹性，而前文分析污染投入的价格 M 可以反映规制强度的大小，因此，υ_{XM} 也可以视作污染投入的规制弹性。由于大气污染规制的强度和企业污染投入之间是反比例关系，所以 dX/dM<0，为使规制弹性为非负值，本书在 υ_{XM} 中加了一个负号。此时，式（6-4）中大气污染规制的强度变化对于企业的员工工资的影响由两部分组成，分别为 $\beta X/\alpha L$ 和（$\beta X/\alpha L$）υ_{XM} 两项。其中，第一项 $\beta X/\alpha L$ 反映的是受大气污染规制的影响，企业的污染投入和企业劳动力投入的相对变化所导致的企业员工工资变化，将其称为替代效应。第二项（$\beta X/\alpha L$）υ_{XM} 则反映了企业生产过程中由于受到规制影响造成的企业生产过程和产品规模发生变化，进而影响企业的员工工资，本书将其称为产出效应。通过式（6-4）可以发现，替代效应和产出效应的符号相反，因此大气污染规制对企业工人工资变化的经济效应取决于污染投入的规制弹性 υ_{XM} 是否大于 1，即比较替代效应和产出效应的相对大小。

此外，替代效应主要受到企业污染投入和劳动力投入之间的边际技术替代率影响，这主要是由企业的污染投入和劳动力投入之间究竟是相互补充的关系还是相互替代的关系决定的。企业在面临大气环境规制政策时，通常采取的措施有减少污染投入和增加治污减排投入两种方式，其中治污减排投入的增加又分为末端污染治理投入和前端生产控制两种方式。当企业采取的是末端污染治理的方式时，在保持产量不变的情况下，企业的生产成本将会显著增加，进而压缩其他生产要素的成本投入（例如减少劳动力要素的成本投入）。当企业采取前端生产控制的方式时，可能通过加大对员工技能培训的投入，提升大气污染前端控制技术，此时员工的技能水平会得到提升进而对企业员工工资收入变化产生正向影响。因此，这一替代效应的正负关系尚无法确定，本书无法直接评估出这一替代效应对大气污染规制影响企业员工工资的净效应。产出效应则反映在企业在受到更严格的大气污染规制时，会对企业生产过程中的中间成本和总成本产生影响。当面对中国大气污染防治重点城市政策这样一项严格的环境规制制度时，企业会在规制政策实施的初期阶段要求大幅度减少企业的污染投入，并增加企业的各类治污减排设备。这就使得企业生产的中间成本不断增加，而为了保证企业的产出规模不受过度影响以及对企业总生产成本的控制，此时，企业更有可能会通过减少员工工资的形式转嫁这部分新增成本至企业内部员工承担，或以提高产品价格的方式将其转嫁至消费者承担，但产品价格的增加又可能会在短期内导致产品需求量发生下降。因此，为了尽可能保证企业利润不受影响，企业往往更愿意通过减少工人工资收入的方式进行企业生产总成本的控制。于是，本书根据上述理论分析提出以下假说：

假说1：大气污染规制对企业员工工资产生的影响由替代效应和产出效应两部分构成，但影响的正负符号不确定。

假说2：大气污染规制可能会增加企业生产的中间成本进而影响到企业的员工工资，而企业采用不同的治污减排方式（末端污染治理或前端生产控制）会对企业员工的工资收入变化产生差异化的影响。

第三节　实证研究设计

一、制度背景和实证方法

作为世界上空气污染相对严重的国家之一，中国在不断地探索大气污染防治的治理措施。2002年12月3日，原国家环境保护总局发布了关于印发《大气污染防治重点城市划定方案》的通知，划定了113个城市为我国大气污染防治重点城市（包括了1998年被选定实施大气规制的47个大气污染防治重点城市），并于2003年1月6日正式出台《关于大气污染防治重点城市限期达标工作的通知》，要求所有大气污染防治重点城市加快城市能源结构调整，减少城市原煤的消费量，推广洁净煤技术和控制煤烟型污染。同时，通过推行清洁生产，降低城市大气环境中悬浮颗粒物浓度等措施改善城市空气质量，并由国家环保部门对该部分工作进行监督检查。基于前文的分析，该项政策对于重点城市空气质量改善起到了积极的促进作用，保证了该大气污染规制政策实施的有效性。因此，本章将2003年正式实施的大气污染防治重点城市政策视为一项准自然实验，分析大气污染规制政策对于企业工人工资变化的经济影响。具体来看，本书将2003年第二批入选的66个大气污染防治重点城市的规模以上工业企业视为大气污染规制政策的处理组样本，将剩余的非大气污染防治重点城市的企业设为控制组样本，运用双重差分法就大气污染规制对工人工资变化的经济效应展开实证分析。参照本书第五章的实证分析模型设定讨论，本章分析大气污染规制对企业员工工资变化的影响采用以下拓展的DID模型：

$$\ln(\text{Wages})_{ict} = \beta\text{Treatment}_i \times \text{Post}_{2003t} + \delta X'_{ict} + (S \times f(t))'\theta + \alpha_i + \gamma_t + \sigma_{r,t} + \kappa_{k,t} + \varepsilon_{ite}$$

$$(6-5)$$

式（6-5）中，下标 i、c、t、k 和 r 分别表示的是企业、城市、年份、行业以及企业所处的地区变量（与第五章一致，此处将我国按照地理位置划分为华北、东北、华东、华中、华南、西南和西北七个地区）。被解释变量 ln（Wages）$_{ict}$ 为企业员工的平均工资的对数形式，Treatment$_i$ 表示的是企业是否是处于大气污染防治重点城市内的虚拟变量。当企业位于大气污染防治重点城市内，即企业属于处理组时，Treatment$_i$ = 1；反之，则 Treatment$_i$ = 0。Post$_{2003t}$ 表示大气污染规制实施时间的虚拟变量，Post$_{2003t}$ = 1 表示政策实施后（t ≥ 2003），Post$_2$003$_t$ = 0 表示政策实施前（t<2003）。X'$_{ict}$ 表示的是影响企业员工工资的控制变量。借鉴 Gray 等（2014）和 Liu 等（2017）的控制变量选取方法，本章选择企业的年龄、企业税负率和企业的负债比为控制变量。α$_c$ 和 γ$_t$ 分别表示城市固定效应和年份固定效应。σ$_{r,t}$ 和 κ$_{k,t}$ 分别表示地区—年份联合固定效应和行业—年份联合固定效应，S 是大气污染防治重点城市的 6 个分组选择标准变量，f（t）是时间 t 的多次项，在模型中对 S 与时间 t、t^2 和 t^3 进行交乘，从而更好地保证各分组变量由于时间变化的差异对 DID 模型回归结果产生影响。ε$_{it}$ 表示的是受时间变化影响的随机误差项，本书在城市层面对其进行聚类。因此，本章所研究大气污染规制对工人工资变化的经济效应即大气污染规制虚拟变量 Treatment$_i$ 和政策实施时间 Post$_{2003t}$ 的交乘项的系数 β。

此外，为了保证 DID 模型估计结果的可靠性，本章进一步对 DID 模型的平行趋势假设进行相关检验，相关模型设定如式（6-6）所示：

$$\ln（Wage）_{ict} = \sum_{\mu=2000}^{2007} \beta_\mu Treatment_i \times Post^\mu + \delta X'_{ict} + \qquad (6-6)$$
$$（S \times f（t））'\theta + \alpha_c + \gamma_t + \sigma_{r,t} + \kappa_{k,t} + \varepsilon_{ict}$$

式（6-6）为平行趋势假设检验的模型设定，可以检验大气污染规制发生前处理组和控制组样本是否满足平行趋势假设。其中，Post$^\mu$ 是年份虚拟变量（μ = 2000，2001，…，2007），若年份为 2000 年，则 Post^{2000} = 1，其余均为 0。

二、数据来源和变量说明

1. 数据来源

本章实证分析使用了 1998～2007 年的中国工业企业数据库。借鉴 Brandt 等（2011）和聂辉华等（2012）的处理方法，首先对不同年份数据分别利用法人代码、企业名称、法人+地区码、电话+地区码+行业代码进行序贯识别匹配，再将数据匹配成非平衡面板数据。其次，针对 2002 年前后行业分类标准变化的情况，本书将 1994GB 行业分类对应到 2002GB 行业分类；针对指标异常问题，本书剔除企业主营业务收入、从业人数、总资产和固定资产净值缺失的观测值，并剔除不符合"规模以上"性质的企业（即销售额小于 500 万元或从业人数小于 8 人的观测值）。此外，依据会计准则剔除流动资产或固定资产净值大于总资产的企业，剔除本年折旧大于累计折旧的企业，并参照 Bai 等（2009）的设定，剔除企业利润率大于99%或者小于0.1%的企业。同时，为避免异常值的影响，对本书分析中直接使用的指标本年应付工资总额（包括主营业务应付工资总额和应付福利费总额）、职工总人数、应交所得税、应交增值税、工业总产值、企业总负债、资产总额、工业品中间投入、新产品产值、产成品规模等变量进行双边剔除0.5%的缩尾处理，再参照董香书和肖翔（2017）的方法，依照相应的物价指数对本书所使用的关键指标变量进行平减处理。最后，在生成的涵盖291个城市的企业全样本数据中，剔除属于第一批47个大气污染防治重点城市内的企业观测值，得到本章进行实证分析的1998~2007年企业非平衡面板数据集，样本数为706944。

2. 变量说明

本章研究内容的被解释变量为企业员工工资。包群等（2011）指出工业企业数据库中企业员工工资的定义有两种，一种是企业应付工资，另一种为企业应付工资和企业应付福利费两部分之和，而在实际估计过程中通常要选取第二种计算方法。即被解释变量（ln_Wages）用（主营业务应付工资总额+应付福利费总额）/职工总人数的对数形式度量。此外，为了分析大气污染规制对企业工人工资结构变化的影响，本书进一步讨论了大气污染规制对工人工资净收入和福利收入的各自影响，从而判断企业在应对大气污染规制时更有可能从哪一方面对员工收入进行调整。表6-1是工人工资总收入、工资净收入和福利收入在处理组和控制组间的均值情况。可以发现处理组企业的各类工资收入均值略微高于控制组企业样本，这主要是因为入选大气污染防治重点城市大多集中在经济相对较发达的地区，因此，重点城市内企业员工的工资收入会略高于非重点城市内的企业工人工资。但就处理组和控制组样本的均值差而言，两组样本的均值相差并不大，具有较强的可比较性。

表6-1 企业工人工资收入结构的描述性统计表

Variables	Panel A：All sample		Panel B：Treatment Group		Panel C：Control Group	
	Mean	S. D.	Mean	S. D.	Mean	S. D.
工人工资总收入	13606.93	12611.26	13713.17	11594.46	13538.01	13228.71
工人工资净收入	12164.97	10860.12	12174.96	9904.86	12158.49	11437.24
工人福利收入	1441.96	3723.23	1538.212	3122.207	1379.52	4064.67

控制变量包括企业层面的企业年龄、企业税负率和负债比。其中，企业年龄通过其成立的时间计算（对数形式），企业税负率通过（企业应交所得税+企业

应交增值税）/企业总产值度量，企业负债比则用企业总负债与企业总产值的比例度量（董香书和肖翔，2017；徐彦坤和祁毓，2017）。此外，控制变量中还包含大气污染防治重点城市的 6 个分组选择标准变量，即企业所处的城市在 2000 年的城市综合经济能力（城市总人口和人均 GDP）和环境污染现状（城市单位面积 SO_2 排放量），以及企业所处城市是否属于两控区城市、城市大气环境质量是否达到二级标准与是否是国家重点旅游文化城市的三个虚拟变量。

第四节　实证检验与分析

一、基本回归结果

正如包群等（2011）所指出的，企业员工工资收入包括两部分的内容：工资净收入和福利收入。在本书基准回归的分析中，本书用（主营业务应付工资总额+应付福利费总额）/职工总人数来代表工人的工资总收入，并将工资总收入作为本书的关键被解释变量（对数形式）进行实证检验和相关稳健性分析。与此同时，本书还创新性地将企业员工的工资净收入（企业主营业务应付工资总额/职工总人数）和福利收入（企业应付福利费总额/职工总人数）作为被解释变量，观察大气污染规制对工人工资收入结构的影响，进而判断企业在应对大气污染规制时更有可能从工资结构的哪一方面对员工收入进行调整。表6-2、表 6-3 和表 6-4 分别是以工人工资总收入、工人工资净收入和工人福利收入作为被解释变量的回归结果。各表的固定效应设定如下：第（1）列只控制企业和年份固定效应；第（2）列在第（1）列的基础上进一步增加行业固定效应；第（3）列在第（2）列的基础上加入企业层面的三个控制变量；第（4）列在第（3）列的基础上加入大气污染防治重点城市的分组选择标准，并将分组标准变量与时间趋势项 t 以及 t 的 2 次项和 3 次项交乘；第（5）列进一步考虑地区和行业层面可能随时间变化的某些因素对回归结果造成的冲击，故进一步严格地控制了地区—年份联合固定效应、行业—年份联合固定效应和城市固定效应；第（6）列则将第（5）列的行业—年份联合固定效应进一步细化为 4 分位行业—年份的联合固定效应；第（7）列则控制的是企业和年份固定效应下的结果①。其中，第（5）列的回归系数为本章的基准结果。

---

① 基准回归表中各列的设定以及详细说明已经在本书的第五章进行了详细的解释。

根据表 6-2 基准回归结果，在考虑各种不同层面的固定效应、控制变量、DID 事前分组标准和其他遗漏变量的影响后，大气污染防治重点城市这一环境规制政策对于重点城市内企业的员工工资净收入和福利收入均产生了显著的负向影响，说明大气污染规制降低了重点城市企业的员工工资。其中，表 6-2 显示 2003 年大气污染环境规制政策实施后，大气污染防治重点城市中企业的员工工资总收入显著下降了 1.3%；表 6-3 显示 2003 年大气污染环境规制政策实施后，大气污染防治重点城市中企业的员工工资净收入显著下降了 1.1%。表 6-4 显示 2003 年大气污染环境规制政策实施后，大气污染防治重点城市中企业的员工工资福利收入显著下降了 1.9%。可以发现，大气污染规制对于企业工人工资收入变化的负面影响中，从两类收入变化的相对值来看，对工人福利收入的负面影响显著地高于对工资净收入的负面影响，这也体现出企业在应对大气污染规制所带来的额外生产成本时，一方面会不断压缩企业用工的劳动力成本（即减少工人工资收入），另一方面更倾向于选择缩减企业对员工发放的福利支出。

表 6-2　大气污染规制对工人工资总收入影响的基准回归结果

Dependent Variable：工资总收入	（1）	（2）	（3）	（4）	（5）	（6）	（7）
Treatment×Post	-0.067***	-0.073***	-0.076***	-0.027***	-0.013***	-0.012***	-0.037***
	(0.003)	(0.003)	(0.003)	(0.003)	(0.003)	(0.003)	(0.004)
Firm-Control Variables	—	—	YES	YES	YES	YES	YES
Selection Criteria×T	—	—	—	YES	YES	YES	YES
Selection Criteria×T²	—	—	—	YES	YES	YES	YES
Selection Criteria×T³	—	—	—	YES	YES	YES	YES
City FE	YES	YES	YES	YES	YES	YES	—
Year FE	YES	YES	YES	YES	—	—	YES
2-Digit Industry FE	—	YES	YES	YES	—	—	—
Region-Year FE	—	—	—	—	YES	YES	—
2-Digit Industry-Year FE	—	—	—	—	YES	—	—
4-Digit Industry-Year FE	—	—	—	—	—	YES	—
Firm FE	—	—	—	—	—	—	YES
观测值	706944	706944	706944	706944	706944	706865	706944

注：括号内的为标准误，***、**、*分别表示 1%、5% 和 10% 的显著性水平，标准误聚类在城市层面。Selection Criteria 表示的是大气污染防治重点城市的分组选择标准变量，限于篇幅，基准回归的表中没有汇报各控制变量的回归结果，后表同。

表6-3 大气污染规制对工人工资净收入影响的基准回归结果

Dependent Variable：工资净收入	（1）	（2）	（3）	（4）	（5）	（6）	（7）
Treatment×Post	−0.064***	−0.070***	−0.071***	−0.023***	−0.011***	−0.010***	−0.031***
	（0.003）	（0.003）	（0.003）	（0.003）	（0.003）	（0.003）	（0.004）
Firm−Control Variables	—	—	YES	YES	YES	YES	YES
Selection Criteria×T	—	—	—	YES	YES	YES	YES
Selection Criteria×T^2	—	—	—	YES	YES	YES	YES
Selection Criteria×T^3	—	—	—	YES	YES	YES	YES
City FE	YES	YES	YES	YES	YES	YES	—
Year FE	YES	YES	YES	YES	—	—	YES
2−Digit Industry FE	—	YES	YES	YES	—	—	—
Region−Year FE	—	—	—	—	YES	YES	—
2−Digit Industry−Year FE	—	—	—	—	YES	—	—
4−Digit Industry−Year FE	—	—	—	—	—	YES	—
Firm FE	—	—	—	—	—	—	YES
观测值	706944	706944	706944	706944	706944	706865	706944

注：括号内的为标准误，***、**、*分别表示1%、5%和10%的显著性水平，标准误聚类在城市层面。Selection Criteria 表示的是大气污染防治重点城市的分组选择标准变量。

表6-4 大气污染规制对工人福利收入影响的基准回归结果

Dependent Variable：福利收入	（1）	（2）	（3）	（4）	（5）	（6）	（7）
Treatment×Post	−0.048***	−0.059***	−0.065***	−0.013**	−0.019***	−0.018***	−0.023***
	（0.005）	（0.005）	（0.005）	（0.006）	（0.006）	（0.006）	（0.007）
Firm−Control Variables	—	—	YES	YES	YES	YES	YES
Selection Criteria×T	—	—	—	YES	YES	YES	YES
Selection Criteria×T^2	—	—	—	YES	YES	YES	YES
Selection Criteria×T^3	—	—	—	YES	YES	YES	YES
City FE	YES	YES	YES	YES	YES	YES	—
Year FE	YES	YES	YES	YES	—	—	YES
2−Digit Industry FE	—	YES	YES	YES	—	—	—
Region−Year FE	—	—	—	—	YES	YES	—
2−Digit Industry−Year FE	—	—	—	—	YES	—	—

续表

Dependent Variable：福利收入	（1）	（2）	（3）	（4）	（5）	（6）	（7）
4-Digit Industry-Year FE	—	—	—	—	—	YES	—
Firm FE	—	—	—	—	—	—	YES
观测值	706944	706944	706944	706944	706944	706865	706944

注：括号内的为标准误，***、**、*分别表示1%、5%和10%的显著性水平，标准误聚类在城市层面。Selection Criteria 表示的是大气污染防治重点城市的分组选择标准变量。

二、稳健性检验

为保证本书研究结论的可靠性，本书采取了一系列的稳健性检验方法，所有结果均再次证明了大气污染规制显著地降低企业工人工资总收入，同时也证明大气污染规制对工资收入构成中的工资净收入和福利收入都具有显著的负向影响。

1. 平行趋势假设检验

表6-5是以工人工资总收入作为被解释变量进行平行趋势假设检验。根据平行趋势假设检验的回归结果可以直观地反映出2003年大气污染防治重点城市政策实施前，企业工人的工资收入不存在显著差异，即大气污染规制实施前符合共同趋势假设。同时，大气污染规制实施后的回归系数（Post2003，Post2004，…，Post2007）在2003年之后均显著为负，这进一步证实了本书的研究结论。观察2003年之后边际效应的动态趋势发现，大气污染规制的边际效应在2003年以前基本在0值附近，从2003年大气污染防治重点城市政策实施后，边际效应迅速地转变为显著负向影响，说明了大气污染规制对企业工人的工资收入造成了显著的负向冲击影响。

表6-5 平行趋势假设检验

Dependent Variable	工人工资总收入（对数形式）
Post（-3）：Treatment×Year2000 Dummy	-0.007
	（0.005）
Post（-2）：Treatment×Year2001 Dummy	-0.004
	（0.005）
Post（-1）：Treatment×Year2002 Dummy	-0.003
	（0.005）

Dependent Variable	工人工资总收入（对数形式）
Post（0）：Treatment×Year2003 Dummy	-0.029 ***
	(0.005)
Post（+1）：Treatment×Year2004 Dummy	-0.048 ***
	(0.005)
Post（+2）：Treatment×Year2005 Dummy	-0.064 ***
	(0.005)
Post（+3）：Treatment×Year2006 Dummy	-0.068 ***
	(0.005)
Post（+4）：Treatment×Year2007 Dummy	-0.073 ***
	(0.005)
Firm-Control Variables	YES
Selection Criteria×T	YES
Selection Criteria×T^2	YES
Selection Criteria×T^3	YES
City FE	YES
Industry-Year FE	YES
Region-Year Fixed Effect	YES
观测值	706944

注：括号内的为标准误，*** 、** 、* 分别表示 1%、5% 和 10% 的显著性水平，标准误聚类在城市层面。Selection Criteria 表示的是大气污染防治重点城市的分组选择标准变量。

2. 三重差分检验

与第五章稳健性检验的三重差分模型设定相一致①，本部分内容同样通过运用三重差分法进行了稳健性检验。表 6-6 是三重差分检验结果，本书分别使用了我国工业行业年度 SO_2 排放量（对数形式）和均值 Dummy 变量反映行业特征差异。研究发现，当使用三重差分模型进行回归时，无论是使用工业行业 SO_2 排放量还是使用工业行业 SO_2 排放量 Dummy 变量作为行业特征差异，模型回归中核心解释变量的显著性及符号均与前文双重差分基本保持一致，即大气污染规制显著地减少了企业工人的工资总收入、总资净收入和福利收入。此外，就工人工资净收入和工人

① 具体的三重差分模型设定方法与第五章稳健性检验部分内容相一致，为进一步严格控制企业层面随时间变化的遗漏变量影响，本研究使用了企业固定效应替换城市—行业的联合固定效应，与前文保持一致。

福利收入受大气污染规制负面影响的系数大小进行比较后，发现同样与基准回归中的结论一致，即大气污染规制对工人工资收入结构中的福利收入的负面影响显著大于对工资净收入的负面影响。以上结果也证明了本书主回归结果的稳健性。

表 6-6　大气污染规制对工人工资收入变化影响的三重差分（DDD）检验

Dependent Variable（对数形式）	（1）工人工资总收入	（2）工人工资总收入	（3）工人工资净收入	（4）工人工资净收入	（5）工人福利收入	（6）工人福利收入
Treatment×Post$_{2003}$×ln_SO$_2$_Emission	−0.007 ***	—	−0.007 **	—	−0.011 ***	—
	（0.003）	—	（0.003）	—	（0.004）	—
Treatment×Post$_{2003}$×SO$_2$_Dummy	—	−0.020 **	—	−0.019 **	—	−0.031 **
	—	（0.008）	—	（0.008）	—	（0.012）
Firm Fixed Effects	YES	YES	YES	YES	YES	YES
City−Year Fixed Effects	YES	YES	YES	YES	YES	YES
Industry−Year Fixed Effects	YES	YES	YES	YES	YES	YES
观测值	706944	706944	706944	706944	706944	706944

注：括号内的为标准误，***、**、*分别表示1%、5%和10%的显著性水平，标准误聚类在城市层面。Selection Criteria 表示的是大气污染防治重点城市的分组选择标准变量。

3. 剔除同期其他大气污染治理政策的干扰

为了排除同期其他实施的大气污染环境规制政策的影响，本书考虑了 2006 年实施的"十一五"规划中对二氧化硫减排目标进行设定并纳入官员绩效考核的规制影响。因此，考虑该政策也可能会对城市空气污染治理产生影响，进而有可能使得本书估计结果产生偏差，故本部分稳健性检验剔除了 2006 年和 2007 年的样本数据。回归结果如表 6-7 所示，研究发现尽管大气污染规制的回归系数有所变小，但依然呈现出对工人工资收入的显著负向作用，同时也发现了对福利收入的负面效应大于对工资净收入的负面效应，与前文基准回归结果的结论保持一致，证明本书主回归结果比较稳健。

表 6-7　考虑 2006 年"十一五"SO$_2$减排目标政策对工人工资收入影响的稳健性检验

Dependent Variable	（1）工人工资总收入	（2）工人工资净收入	（3）工人福利收入
Treatment×Post$_{2003}$	−0.0075 **	−0.0066 **	−0.014 **
	（0.003）	（0.003）	（0.006）

续表

Dependent Variable	(1) 工人工资总收入	(2) 工人工资净收入	(3) 工人福利收入
Firm-Control Variables	YES	YES	YES
Selection Criteria×T	YES	YES	YES
Selection Criteria×T^2	YES	YES	YES
Selection Criteria×T^3	YES	YES	YES
City FE	YES	YES	YES
Industry-Year FE	YES	YES	YES
Region-Year Fixed Effect	YES	YES	YES
观测值	425140	425140	425140

注：括号内的为标准误，***、**、*分别表示1%、5%和10%的显著性水平，标准误聚类在城市层面。Selection Criteria表示的是大气污染防治重点城市的分组选择标准变量。

4. 考虑同期其他工资政策的影响（Tests for Additional Wage Policy）

尽管本书已经控制了企业层面上可能会对企业员工工资产生影响的控制变量以及通过控制事前分组标准方式保证DID分组的随机性，但仍然可能存在其他同期内发生的财政政策会对企业员工工资产生影响进而使得本书估计结果产生偏误的可能。因此，本书选择其中一个较为典型的影响企业员工工资的政策进行控制，即中国最低工资标准制度。中国不同城市对于最低工资标准的设定依据各自城市自身的经济发展程度而有所不同，该制度的存在会对企业员工工资产生较大的影响。故本书在各省区市政府公告中收集到全国各地级市1998~2007年的月最低工资标准①，并根据官方地区编码对各城市进行编码，用地区编码将地区最低工资标准数据合并入1998~2007年的中国工业企业数据库中。在考虑了最低工资标准制度对企业员工工资可能造成的影响后，相关结果如表6-8所示，发现大气污染防治重点城市政策依然对企业员工工资产生了显著的负向影响。

5. 安慰剂检验——随机设定大气污染规制政策的实施时间

在本部分的稳健性检验中，本书主要通过随机设定大气污染防治重点城市政策的实施时间来对大气污染规制进行安慰剂检验，其原理是2003年实施的大气污染规制理应是由于当年采取了一系列严格的规制手段后，才会对企业工人工资收入产生显著的影响。因此，若本书随机将该政策设定在其他时间段，则不应该出

---

①　本书同样考虑了中国工业企业数据库中存在非全日制就业劳动者，因此同时收集了各个城市1998~2007年的小时最低工资标准进行控制，结果依然保持稳健。

现与本书基准回归结果相一致的结论，这样才能够从反面论证本书研究结论的可靠性。基于以上分析，本书随机将大气污染防治政策的实施时间设定为政策前 3 年（2000 年）和后三年（2006 年），再来分析大气污染规制是否依然对工人工资收入产生了显著影响。回归结果如表 6-9 所示，研究发现无论是将该政策设定为 2000 年还是 2006 年，大气污染规制的回归系数均不显著。因此，本部分的安慰剂检验从侧面论证了 2003 年实施的大气污染规制政策对企业工人工资负面作用的可靠性。

表 6-8　考虑最低工资标准制度对工人工资收入影响的稳健性检验

Dependent Variable	(1)	(2)	(3)
	工人工资总收入	工人工资净收入	工人福利收入
Treatment×Post$_{2003}$	−0.018***	−0.016***	−0.024***
	(0.003)	(0.003)	(0.006)
Control for minimum wage per month	YES	YES	YES
Firm-Control Variables	YES	YES	YES
Selection Criteria×T	YES	YES	YES
Selection Criteria×T^2	YES	YES	YES
Selection Criteria×T^3	YES	YES	YES
City FE	YES	YES	YES
Industry-Year FE	YES	YES	YES
Region-Year Fixed Effect	YES	YES	YES
观测值	706944	706944	706944

注：括号内的为标准误，***、**、*分别表示 1%、5% 和 10% 的显著性水平，标准误聚类在城市层面。中国的最低工资标准指的是劳动者在法定工作时间内进行了正常劳动后，由用人企业或单位必须依法支付的最低的劳动报酬标准。本部分稳健性检验使用的是月最低工资标准，该标准更加适用于全日制就业劳动者，符合本书使用的企业数据特性。

表 6-9　安慰剂检验

Dependent Variable	将政策发生时间向前推移三年			将政策发生时间向后推移三年		
	(1)	(2)	(3)	(4)	(5)	(6)
	工人工资总收入	工人工资净收入	工人福利收入	工人工资总收入	工人工资净收入	工人福利收入
Treatment×Post$_{2000}$	−0.016	−0.014	−0.013	—	—	—
	(0.024)	(0.023)	(0.035)	—	—	—
Treatment×Post$_{2006}$	—	—	—	−0.009	−0.009	−0.011
				(0.025)	(0.023)	(0.036)

Dependent Variable	将政策发生时间向前推移三年			将政策发生时间向后推移三年		
	(1)	(2)	(3)	(4)	(5)	(6)
	工人工资总收入	工人工资净收入	工人福利收入	工人工资总收入	工人工资净收入	工人福利收入
Firm−Control Variables	YES	YES	YES	YES	YES	YES
Selection Criteria×T	YES	YES	YES	YES	YES	YES
Selection Criteria×T^2	YES	YES	YES	YES	YES	YES
Selection Criteria×T^3	YES	YES	YES	YES	YES	YES
City FE	YES	YES	YES	YES	YES	YES
Industry−Year FE	YES	YES	YES	YES	YES	YES
Region−Year Fixed Effect	YES	YES	YES	YES	YES	YES
观测值	706944	706944	706944	706944	706944	706944

注：括号内的为标准误，***、**、*分别表示1%、5%和10%的显著性水平，标准误聚类在城市层面。Selection Criteria 表示的是大气污染防治重点城市的分组选择标准变量。

6. 伪证检验（Falsification Test）

本部分稳健性检验选择以水污染排放的企业为切入点进行伪证检验，即对1998～2007年中国工业企业数据库中水污染排放前25%的企业样本进行回归，若发现大气污染防治重点城市对以水污染排放为主的企业工人工资影响不显著，则从侧面证实本书的基本结论。具体地，本书收集了1998～2007年所有工业行业的水污染排放数据，将其除以各企业的总资产得到所有企业年度的水污染排放量，并提取出水污染排放排名前25%的企业进行回归，回归结果如表6−10所示，发现大气污染规制对企业工人工资总收入、工资净收入和福利收入的影响都不显著，从反面证实了原文的基本结论。

表6−10　大气污染规制对高水污染排放企业工人工资影响的伪证检验

Dependent Variable	(1)	(2)	(3)
	工人工资总收入	工人工资净收入	工人福利收入
Treatment×Post$_{2003}$	−0.005	−0.004	−0.005
	(0.003)	(0.003)	(0.006)
Firm−Control Variables	YES	YES	YES
Selection Criteria×T	YES	YES	YES

续表

Dependent Variable	（1）工人工资总收入	（2）工人工资净收入	（3）工人福利收入
Selection Criteria×T^2	YES	YES	YES
Selection Criteria×T^3	YES	YES	YES
City FE	YES	YES	YES
Industry−Year FE	YES	YES	YES
Region−Year Fixed Effect	YES	YES	YES
观测值	238773	238773	238773

注：括号内的为标准误，***、**、*分别表示1%、5%和10%的显著性水平，标准误聚类在城市层面。Selection Criteria 表示的是大气污染防治重点城市的分组选择标准变量。

7. 考虑企业迁移和受大气污染规制导致的企业新成立与退出的影响

本研究进一步考虑大气污染防治重点城市实施后是否会对企业的迁移选址产生影响，参考 Fu 等（2017）的方法对原始数据进行处理，剔除了 1998～2007 年发生了企业迁移行为的样本再进行回归分析。本部分以企业工人工资总收入作为被解释变量进行稳健性检验，结果如表 6-11 所示，在控制了大气污染规制对企业迁移选址可能造成的影响，进而对本书估计结果可能产生的偏差后，大气污染规制对企业工人工资收入的负面效应依然显著，与本章基准结论保持一致。此外，本书还考虑了企业在 2003 年政策发生后的退出和进入对于回归结果造成的偏差，其中，表 6-11 第（2）列是剔除了 2003 年企业新进入后的样本回归结果，表 6-11 第（3）列是剔除了 2003 年企业退出后的样本回归结果，结果显示考虑了企业发生的退出和进入后，大气污染规制对企业工人工资收入的负向影响依然保持稳健。

表 6-11　考虑企业迁移、退出和进入的稳健性检验

Dependent Variable：工资总收入（对数形式）	（1）剔除企业发生地址迁移的样本	（2）剔除 2003 年新进入企业的样本	（3）剔除在 2003 年退出的企业样本
Treatment×Post$_{2003}$	−0.021***	−0.010***	−0.014***
	（0.005）	（0.003）	（0.003）
Firm−Control Variables	YES	YES	YES
Selection Criteria×T	YES	YES	YES

Dependent Variable：工资总收入（对数形式）	(1) 剔除企业发生地址迁移的样本	(2) 剔除 2003 年新进入企业的样本	(3) 剔除在 2003 年退出的企业样本
Selection Criteria×T^2	YES	YES	YES
Selection Criteria×T^3	YES	YES	YES
City FE	YES	YES	YES
Industry-Year FE	YES	YES	YES
Region-Year Fixed Effect	YES	YES	YES
观测值	688419	581829	640025

注：括号内的为标准误，***、**、*分别表示 1%、5% 和 10% 的显著性水平，标准误聚类在城市层面。Selection Criteria 表示的是大气污染防治重点城市的分组选择标准变量。

三、机制分析

综合以上实证结果，本书发现大气污染防治重点城市政策显著减少了企业员工的工资净收入和福利收入，但还未廓清大气污染规制究竟是通过何种渠道使得员工的工资减少，以及这些渠道分别对企业的员工工资产生了怎样的影响？这些问题还有待进一步分析讨论。在前文的理论分析部分已经解释了大气污染规制对于企业员工工资的影响包括了替代效应和产出效应两部分，主要通过影响企业的生产成本和治污减排方式的选择进而影响员工的工资收入变化。因此，本书拟从企业生产的中间成本和企业采取治污减排方式对大气污染规制影响企业员工工资的内在传导机制进行检验。其中，企业的生产成本用企业生产过程中的中间投入（对数形式）反映。然而，企业在应对大气污染规制时究竟是倾向于末端污染治理还是前端生产防控，从中国工业企业数据库中无法直接进行判断。但本书认为若企业倾向采取前端生产控制的治污减排方式，可能会采取加大对员工生产技术进行培训的方式，进而有利于员工的职业技能的提升，将对企业主营业务产品的多样化生产产生积极作用。因此，本书选择了企业的新产品产值占其总产值的比例用以反映企业是否采用了前端生产控制的治污减排方式。若大气污染规制对该指标产生了显著的正向影响，则证明企业应对大气污染规制时采用了前端生产控制手段，有利于提升员工职业技能和竞争力，进而对工人工资产生显著的正向影响。反之，若大气污染规制对该指标产生了显著的负向影响，证明了企业应对大气污染规制时采用了末端污染治理的方式，会进一步加大企业生产成本的投入，从而压缩对工人工资和福利费用的成本支出，进而对工人工资产生抑制作用。基于此，本书分别将以上两个机制变量作为被解释变量进行检验，具体的回归结果如表 6-12 所示。

　　研究发现大气污染规制在 1% 的显著性水平下增加了企业生产过程中的中间投入，提升了企业的生产成本。同时，大气污染规制对企业新产品产值比例的影响显著为负，说明了在实施大气污染防治重点城市政策以后，企业采取的应对措施并非是通过加大员工生产技能培训方式实现前端生产控制，而是采取了末端污染治理的方式应对大气污染规制。这种末端处理的治污减排方式短期内会使得企业通过不断添置治污设备和加大后期治污投入的方式增加企业的治污成本，在与原本就显著增加的企业生产成本共同作用下，企业为了保证产值规模和利润不受过多负面冲击，最终会挤占企业对于员工的劳动力投入成本，引起企业员工工资的减少。因此，大气污染规制引起的工人工资和福利收入的减少主要是受到企业生产成本增加和采取末端污染治理的治污减排方式导致的。

表 6-12　大气污染规制影响企业工人工资收入变化的机制检验

Dependent Variable	(1) 企业生产成本：企业生产中间投入额（对数形式）	(2) 治污减排方式：企业新产品产值占总产值之比
Treatment×Post$_{2003}$	0.028 ***	−0.014 ***
	(0.003)	(0.001)
Firm-Control Variables	YES	YES
Selection Criteria×T	YES	YES
Selection Criteria×T^2	YES	YES
Selection Criteria×T^3	YES	YES
City FE	YES	YES
Industry-Year FE	YES	YES
Region-Year Fixed Effect	YES	YES
观测值	706944	706944

　　注：括号内的为标准误，***、**、* 分别表示 1%、5% 和 10% 的显著性水平，标准误聚类在城市层面。Selection Criteria 表示的是大气污染防治重点城市的分组选择标准变量。

四、异质性分析

　　在基准 DID 模型的设定中，暗含着所有企业的员工工资受到大气污染规制影响都是相同的，但实际上不同生产规模、产业特征和所有权差异的企业受到的大气污染规制的影响是有差别的。本部分的异质性分析中，重点选择从企业的生产规模特征和产业特征，以及不同所有制企业三个方面进行异质性分析。其中，企业生产规模特征用企业总资产的对数形式 ln（Firm total asset）予以衡量，企业的产业特征参照 Lu 等（2019）的设定方式用企业资本与劳动力的比例 Capital_labor_ratio 判断企业是资本密集型企业还是劳动密集型企业，企业的所有权差异用企业是否为国有企业的虚拟变量 State-Owned firm dummy 予以反映。并将三个变量与 $Treatment_i \times Post_{2003t}$ 进行交乘加入基准 DID 模型中，从而通过三重交互项的系数符号和显著性特征进行异质性分析，具体的异质性检验结果如表 6-13 所示。

表 6-13　大气污染规制影响企业工人工资收入变化的异质性检验

被解释变量：工资总收入	（1）企业生产规模异质性	（2）企业产业特征异质性	（3）企业所有权异质性
$Treatment \times Post_{2003}$	−1.057 ***	−0.364 ***	−0.021 ***
	（0.008）	（0.005）	（0.003）
$Treatment \times Post_{2003} \times$ ln（Firm total asset）	0.106 ***	—	—
	（0.001）		
$Treatment \times Post_{2003} \times$ Capital_labor_ratio	—	0.093 ***	—
		（0.001）	
$Treatment \times Post_{2003} \times$ State-Owned firm dummy	—	—	0.188 ***
			（0.006）
Firm-Control Variables	YES	YES	YES
Selection Criteria×T	YES	YES	YES
Selection Criteria×T^2	YES	YES	YES
Selection Criteria×T^3	YES	YES	YES
City FE	YES	YES	YES
Industry-Year FE	YES	YES	YES
Region-Year Fixed Effect	YES	YES	YES
观测值	706944	706944	706944

注：括号内的为标准误，***、**、* 分别表示 1%、5% 和 10% 的显著性水平，标准误聚类在城市层面。Selection Criteria 表示的是大气污染防治重点城市的分组选择标准变量。

研究发现，大气污染规制与上述三个异质性变量的三重交互项均显著为正，即大气污染规制对生产规模更大的企业、对资本密集度更高的企业和国有企业员工工资收入的负面影响更小。具体原因如下：①从企业的生产特征而言，规模越大的企业在生产资源配置、管理模式以及资本积累等方面已经具备了较为成熟的条件，能够较好地应对突发的环境规制政策对于企业的冲击效应，企业员工工资受到的负面影响也会相对更小。②从企业的产业特征而言，劳动密集型企业面对大气污染规制政策时更易通过压缩企业员工收益进而补偿应对规制时带来的生产成本增加，而资本密集型企业由于技术装备多，以及容纳劳动力较少的特点受到的影响则并不突出。因此，资本密集型企业受到大气污染规制对于企业员工工资收入的负面影响相对更小。③从企业所有权特征来看，已有文献研究发现国有企业因其特有的政策应对能力和政企博弈能力，使其较之非国有企业而言受到环境规制的冲击效应更小，对企业生产经营造成的负面影响也会更小（Cai et al.，2016；Hering and Poncet，2014）。同时，鉴于国有企业传统的"铁饭碗"就业特征，使得国有企业无论是在就业还是工资收入的稳定性上均会显著地高于非国有企业。因此，国有企业受到大气污染规制对于企业员工工资收入的负面影响相对更小。

第五节　进一步讨论：中国大气污染防治重点城市政策的福利分析

　　本部分内容将综合本书第四章的大气污染防治重点城市政策的空气污染治理效应结果与本章分析得到的对工人工资收入变化的经济效应结果进行福利分析。首先，本书计算了大气污染规制政策实施后究竟对企业工人工资收入绝对值的变化产生了多大的负面影响。其次，结合第四章中对大气污染规制政策引起的城市空气污染治理效应的量化计算结果，进一步计算出中国大气污染防治重点城市政策实施后所带来的1个单位的空气污染治理效果对企业工人工资收入的减少程度。最后，本章以PM2.5浓度为例，结合现有的国内外文献中对空气污染治理的经济成本以及居民对于空气污染治理支付意愿的相关研究，综合比较本书分析得到的空气污染的经济成本与已有研究结论的差异性。

　　结合基准回归分析中大气污染规制对工人工资总收入、工资净收入和福利收入的估计系数，可以进一步计算出2003年实施大气污染防治重点城市政策后企业工人的各类工资收入的具体变化大小。其中，大气污染防治重点城市政策使得重点城市内企业工人工资总收入显著地降低了1.3%，对工资净收入造成了1.1%的下降，同时还减少了1.9%的工人福利收入。由于本研究数据样本中的政策实施时间为2003~2007年，可以计算得到大气污染防治重点城市政策在2003年实施后平均每年减少重点城市企业工人工资总收入0.26%，年均减少重点城市企业工人工资净收入0.22%和减少重点城市企业工人福利收入0.38%，进一步地结合

表 6-1 中控制组企业样本的工资收入均值来看，所有非大气污染防治重点城市内企业工人工资总收入、工资净收入和福利收入分别为 13538.01 元、12158.49 元和 1379.52 元。据此可以计算出 2003 年大气污染防治重点城市政策实施后共使得工人工资总收入减少了 175.99 元，工资净收入减少 137.7 元和福利收入减少 26.21 元。结合第四章实证分析中对大气污染规制的城市空气污染治理效应的量化计算结果，即大气污染规制在实施后显著地减少了 12215.8 万吨城市工业二氧化硫排放量并降低城市 PM2.5 浓度 2.97μg/m³。以企业工人工资总收入和城市 PM2.5 浓度为分析对象，基于以上数据可计算出大气污染防治重点城市政策实施后平均每年可以降低 0.33μg/m³ 的城市 PM2.5 浓度，但会减少企业工人工资总收入 35.2 元。由此可进一步计算得到，大气污染规制引起的 1μg/m³ 的城市 PM2.5 浓度的改善，将会导致工人工资收入减少 106.67 元。

为了便于理解以上结果中发现的空气污染治理的经济成本，本书将国内外现有的相关结论与之进行比较。目前，国内外学者对空气污染经济成本的计算包括大气污染政策实施后的成本收益比较（马国霞等，2019；宋弘等，2019）以及居民对空气污染治理的支付意愿计算（Levinson，2012；Zhang et al.，2017c，2017d）。在该领域代表性的研究中，宋弘等（2019）对我国 2010 年启动实施的"低碳试点城市建设"政策进行了空气污染治理效应评估。在检验发现低碳城市建设显著地改善了城市空气质量后，创新性地使用了上海市的医疗费用数据，评估空气污染对就业人数和医疗支出的影响，进而进行医疗费用与环境污染之间的成本—收益分析，研究发现了低碳城市建设的资金支出远远小于其可能带来的收益。他们的研究具有较强的创新性，但未对空气污染治理对工人产生的直接经济成本进行分析。目前已有的研究里，Levinson（2012）和 Zhang 等（2017c）通过空气污染治理的支付意愿分别分析了美国与中国居民愿意为改善空气质量所付出的经济成本。其中，Levinson（2012）发现美国居民愿意为 1μg/m³ 的 PM10 浓度的下降平均每年支付 459 美元；Zhang 等（2017c）则利用日度空气污染数据和 CFPS 调研数据相结合，发现中国居民每年愿意为 1 单位 API 的下降支付 42 美元（按 1∶7 的汇率，即 294 元人民币）。尽管两者看起来似乎差距较大，但 Zhang 等（2017c）指出若从中美两国居民的相对平均收入来看，中美两国居民愿意支付的空气污染成本分别占个人年均收入的 2% 和 2.1%，空气污染治理的支付意愿基本保持一致。此外，在 Zhang 等（2017d）的另一项研究中，他们对我国居民治理 PM2.5 的支付意愿进行了计算，发现我国居民愿意为 1μg/m³ 的减少支付 539 元人民币（占个人年均收入的 3.8%）。

将 Zhang 等（2017d）的发现与本书的研究结论进行比较可知，尽管大气污染防治重点城市政策对工人工资收入带来了一定程度上的负面经济效应，但相较于我国居民愿意为空气污染所支付的成本以及大气污染规制实施后所带来的身心健康收益而言[1]，该负面影响尚处在可接受的范围内。但需要指出的是，当前我国企业采取的末端污染治理的治污减排方式仍然有待改进，政府还应在政策设计过程中尽可能促进实现大气污染规制的环境治理和就业的双赢。

本章小结

本章以"工人工资收入变化"为切入点，深入分析了大气污染规制对工人工资收入变化的经济效应。此外，本章节还结合第四章大气污染规制的空气污染治理效应分析结果，讨论了中国大气污染防治重点城市政策环境经济效应的福利影响。本章的发现包括：①相较于非重点城市内的企业，大气污染规制确实显著减少了重点城市企业员工的工资和福利收入，且对于工人福利收入的负面影响显著地高于对工资收入的负面影响；②其传导机制主要是受到企业生产成本增加和采取末端污染治理的治污减排方式导致的企业对员工用工成本的压缩；③通过异质性检验发现大气污染规制对大规模企业、资本密集型企业和国有企业员工工资收入的负面影响更小；④通过对大气污染防治重点城市政策环境经济效应的福利分析，发现大气污染规制引起的 $1\mu g/m^3$ 的城市 PM2.5 浓度的改善，将会导致工人工资收入减少 106.67 元，但该负面影响尚处在可接受的范围内。

本书认为中国对于环境治理保护的方式仍然有待完善，环境规制的本意是改善生态环境，实现经济发展和生态保护的双赢，但显然由行政命令主导的大气污染规制可能会在一定程度上对人们的基本工资收入和福利水平产生负面影响，因此政府需要对大气环境政策的设计不断进行优化，同时企业也要在应对大气规制政策时采取的治污减排方式选择上做出相应的调整。总体而言，本章节研究从劳动力市场重要组成部分之一的"工资收入"视角展开分析，是对大气污染规制的经济效应相关研究的有效补充。

---

[1] Zhang 等（2017a，2017b）的研究发现空气质量的改善有助于提升我国居民的生活满意度和心理健康。

第七章
结论与政策建议

第一节 研究结论

中国作为发展中国家，自改革开放以来经济快速发展，但随着改革进入深水期，原先粗放的发展方式导致资源高度消耗，环境质量大幅下降，生态环境面临着经济增长带来的资源消耗、生态破坏、承载压力以及环境污染等严峻挑战，其中又以空气污染为典型代表。为应对日益严峻的空气污染形势，政府常见的干预治理方式是对大气污染采用行政规制的形式进行治理，从而实现生态环境保护的目的，但大气污染环境规制对经济发展带来的影响同样不容忽视。因此，本书在现有环境经济学领域相关研究的基础上，将中国大气污染防治重点城市政策视为一项准自然实验展开研究，利用拓展的双重差分模型全面地评估了大气污染规制对城市空气污染治理的环境效应，以及对微观企业资源配置效率和工人工资收入变化的经济效应。主要研究结论如下：

在大气污染规制对城市空气污染治理的防治成效方面。本书通过以 2003 年实施的大气污染防治重点城市政策为准自然实验，运用 DID 模型从区域层面分析了大气污染规制对城市空气污染治理的影响。研究发现，大气污染规制显著地改善了城市空气质量并有效地减少了城市工业二氧化硫的排放和企业二氧化硫排放量。同时，通过对大气污染规制环境效应的理论分析，本书对大气污染规制改善城市空气质量的内在传导机制进行了检验，发现大气污染防治重点城市政策主要通过减少能源消耗量、加大城市污染治理力度、促进规制地区产业结构转型升级和提升生产技术水平等因素实现城市空气污染治理的目标。与此同时，本章还就大气污染规制改善城市空气质量的环境治理效应进行了量化计算，研究发现大气污染防治重点城市政策实施后的 9 年时间有效减少了 12215.8 万吨城市工业二氧化硫排放量，并且使得城市 PM2.5 年均浓度改善 $2.97\mu g/m^3$，下降比分别达到了 36.2% 和 8.5%，若将该结果换算为大气污染规制平均每年实现的环境治理效应，则为平均每年减少 3.7% 的城市工业二氧化硫排放量和降低 0.944% 的城市 PM2.5 浓度值。

在大气污染规制影响企业资源配置的经济效应方面。本书利用微观的中国工业企业数据库，借鉴 Hsieh 和 Klenow（2009）提出的企业资源配置效率测算框架，计算出企业资源配置过程中的产出扭曲系数和资本扭曲系数，从而讨论大气污染规制对于企业资源配置效率的影响及其微观传导机制。研究发现：大气污染规制显著地降低了工业企业生产过程中的产出扭曲，有利于提升企业的资源配置效率。此外，由于企业受到大气污染规制影响的程度有所区别，使得不同行业特征和所有权特征的企业，受到大气污染规制影响企业资源配置的经济效应存在异质性。本书通过异质性检验发现非出口行业企业、高新技术行业企业和非国有企业受到大气污染规制对企业资源配置的优化作用更加显著。本书还发现大气污染规制主要通过减少企业生产过程中过度投入的劳动要素，降低企业劳动报酬与企业实际产出之间的比例进而降低企业的产出扭曲系数，同时还通过提升企业劳动生产率和全要素生产率方式提升企业竞争力，进而优化企业的资源配置效率。大气污染规制引起的企业竞争力的提升也证实了中国环境规制的"波特假说"效应，即严格的环境规制政策有利于提升企业的生产技术水平与全要素生产率，优化企业资源配置效率。

在大气污染规制影响企业工人工资收入变化的经济效应方面。本书发现，大气污染规制会显著地降低工人的工资收入和福利收入，并对工人收入总额产生显著的负面经济效应。大气污染规制对于企业工人工资收入变化的负面影响中，对于工人福利收入的负面影响显著地高于对工资收入的负面影响。反映出企业在应对大气污染规制所带来的额外生产成本时，更倾向于选择缩减企业对员工发放的福利支出的方式转嫁规制产生的额外生产成本。同时，本书发现大气污染规制对工人工资收入产生显著负面经济影响的主要原因是企业生产成本受大气污染规制的影响显著增加，以及企业在应对大气污染规制时更倾向采取末端污染治理的治污减排方式也会导致企业对员工用工成本的压缩。此外，本书还发现大规模企业员工、资本密集型企业员工和国有企业员工的工资收入受到大气污染规制的负面经济影响更小。

本书对大气污染防治重点城市政策的环境与经济效应进行综合的福利分析，研究发现大气污染规制引起的 $1\mu g/m^3$ 的城市 PM2.5 浓度的改善，将会导致工人工资收入减少 106.67 元。将该结果进一步与目前已有的空气污染经济成本进行横向比较，已有研究发现我国居民愿意为 $1\mu g/m^3$ 城市 PM2.5 浓度的下降所支付的成本为 3.8% 的个人年收入，即每年支付 539 元人民币。因此，经过较粗略的横向比较可以发现，本书研究发现的大气污染规制对工人工资收入产生的负面经济效应尚处在可接受的范围内。但该结论并非强调严格的大气污染规制对工人工资收入的负向经济效应就是必然的好事，为了实现大气环境保护和劳动力就业的双赢，政府仍然需要进一步完善空气污染治理政策的设计方案和实施效率。

第二节 政策建议

基于以上研究结论和中国目前的大气污染规制现状，本书提出几点政策建议。

一、促进产业结构转型升级，提升产业综合质量

由于规制地区产业结构的不合理配置问题与重构现象的存在，其资源生产与浪费矛盾日渐突出，环境污染现象进一步加剧。本书第四章研究发现产业结构转型升级有利于实现大气污染规制的环境治理效应。因此，我国要重点进行产业结构调整与转型升级，以期通过产业综合质量的提升，实现城市空气污染治理目标。基于此目标，首先需对"高污染、高排放与高能耗"的"三高"企业生产进行严格管控，避免各类生产废物的直接排放，从源头处引导企业开展低碳生产，并关停与淘汰部分落后老旧的生产企业，夯实产业结构转型的第一道防线；其次，重点推动科研、教育、生产三位一体的节能减排创新研究与成果转化体系构建，实现减排模式的优化与减排技术的创新，依托产学研相结合的方式增强污染企业节能减排力度，并由此发掘一批具备典型治污意义的示范类企业，以其优秀经验在规制地区进行规模化推广，实现产业结构转型升级工作中的带动效应；最后，应延伸转型视角，除针对污染企业的源头治理工作外，可从具有高市场潜力与优质投资来源的服务业入手，通过对第三产业的大力发展推动低碳生产的实现。即从产业自身的节能减排与能源替代开始，结合低碳能源系统的升级，低碳能源技术的发展，以及最终低碳能源产业的构建，推动规制地区经济发展的低碳化转型，实现产业结构的优化升级。

二、加大城市环境治理投入，提高整体治理效率

依据第四章的内在传导机制分析结果可知，增强城市污染治理力度，对实现

城市空气污染治理具备显著效应，故认为应充分且灵活地根据规制地区城市实际经济发展、环境污染情况，因地制宜地加大环境治理力度，多角度提升整体治理效率。对此，城市环境部门可率先根据各地实际情况拟定专项治理计划，由相关经济部门依据计划中的措施合理引入治理资金，并依托资金杠杆效应充分吸纳社会资源，保障规制地区城市治理资金的投入规模。同时，应设立与制定相关政策制度，增强治理资金在应用中的政策与法律约束力，确保治理资金流的稳定性，譬如以立法形式设定各地 GDP 中政府环保投资的最低比重，以及增加此类投资在政府专项转移资金中的支付比例。要进一步提升此项资金投入的使用效率，最大程度发挥其积极效应，则需各部门充分依据各地实际情况进行资金投入的区域划分，落实"好钢用在刀刃上"的投入模式，譬如在存在严重大气污染的长三角、京津冀地区加大治污投入，并逐步改变传统城市环境治理中"先污染后治理"的弊病，将环境治理进程由生产末端转移至生产前端，实现"摇篮式"的城市污染治理。

三、优化能源消费结构，打造现代能源体系

本书还发现能源使用量同样也是大气污染规制改善城市空气污染治理的有效传导机制，但我国目前的能源消费主体为煤、油及电，其中，电还是以火力发电为主。显而易见的是，此类能源消费结构在一定程度上不利于我国空气污染的治理。同时，当前粗放式经济发展背景下能源的高能耗、低效率亦成为引发大气污染，尤其是城市雾霾污染的主要因素。因此，城市空气污染治理与现实能源消费中存在发展性双向矛盾，而要破解此矛盾，则需完成能源结构的优化升级，构建由传统能源转向低碳能源的全新能源消费模式。要实现此目标，则应由政府主导，企业与政府协同合作：在企业层面，污染性工业企业在生产过程中，改变对煤炭等化石燃料的依赖，积极、主动地使用太阳能、天然气、水电、风能等低碳能源，逐步提高对低碳能源的使用比例，实现可再生能源对传统能源的生产性替代；在政府层面，可以通过提高传统能源使用税与排污征费等方式，引导企业降低传统能源应用与减少污染物排放，并同步采取低碳能源应用补贴激励企业使用低碳能源，达到既缓解企业能源转型过程中的现实经济压力，又改善当前传统能源应用占比较高的消费结构，助力能源转型升级；同时，根据可再生能源实际保有量，搭建具有地方特色的现代能源体系，并依托现有技术实现跨地区的能源生产与输送，提升各地对低碳能源使用的多样化与选择性，实现可再生能源需求与供给的基本平衡；此外，还可以积极开放有序竞争的低碳能源市场，并制定与其配套的市场准入制度，积极引导低碳能源投资并加大民营资本引入，完善市场管

理与运营机制。

四、促进生产技术升级，优化企业资源配置效率

结合第五章的实证分析结论可知，在大力发展地区经济的同时，也应加强对地方环境治理的管制，促进市场资源的进一步优化配置。本书研究发现，大气污染防治重点城市政策实施后，不仅对重点城市的空气质量产生显著的改善作用，还对重点管制的企业起到降低产出扭曲、优化资源配置的效果。尤其是对非出口行业企业、高新技术行业企业和非国有企业这几类受大气污染规制影响更大的企业影响更显著。指明政府未来在治理地区空气污染问题时应重点着力于这类企业的环境治理，可以通过建立合适的环境准入门槛引导企业的环境治理行为，加快淘汰落后产能，减少企业生产过程中的要素过度投入，加快推进清洁生产资源的转换，从源头开始降低企业的产出扭曲并治理环境污染，提升企业的资源配置水平（童健等，2016）。

政府还应加快环境规制体制的市场化改革，设计更多有效的市场导向型大气污染规制政策，例如加大污染物排放税收政策实施力度（碳税政策和环境税政策等）和完善污染权交易的市场体系（碳排放权交易和用能权交易等），在不同城市因地制宜地实施有效的环境规制，同时不断引导企业进行技术创新。本书研究的大气污染防治重点城市政策属于由政府主导的一项"命令控制型"环境规制政策，在今后的环境治理过程中还可以通过不断完善环境规制方式，以"市场导向型"环境规制政策激励企业进行创新，更好地发挥环境规制的资源配置效应（李蕾蕾和盛丹，2018）。同时，作为微观主体的企业也要加大对员工的职业技能培训，通过提升企业员工的生产技术水平与劳动生产率增加企业生产力和竞争力，帮助企业从容应对环境规制的压力并提升企业的全要素生产率，真正地实现经济高质量发展与生态环境保护的双赢。

五、政府制定相应的补贴计划，企业加快治污减排模式的转型升级

命令控制型的大气污染规制政策会产生一定的环境规制成本，例如第六章发现大气污染防治重点城市政策短期内会对企业造成一定的经济负担，对劳动力市场中工人的工资收入变化产生一定的负向经济效应。这是由于企业可能会将部分新增的环境规制成本转移至企业内部员工承担，而企业采取规制成本内部化的方式一般为减少劳动力需求或者降低员工的工资和福利收入。但是，无论企业采取了哪一种方式都与党的十九大报告中提到的"提高就业质量和人民收入水平"相违背。因此，政府在制定大气污染规制政策之前，可以提前估算出大气污染规

制的经济成本，并据此制定相应的政府补贴来弥补企业的损失，从而抵消一部分可能因企业生产经营受损导致的员工工资和福利收入减少的影响。

同时，企业作为环境保护过程中重要的微观组成部分，当面对环境规制这样一项旨在减少污染排放水平和提高资源配置效率的社会性规制政策时，应当按照环境标准主动在生产过程中减少污染物排放，并且通过生产技术创新的方式实现资源利用率最大化，而不是采取"先污染，后治理"的旧模式，既会产生高污染排放，又浪费了企业生产资源和增加企业经营成本。除此之外，企业应加大对员工的职业技能培训，通过提升企业员工的生产技术水平增加企业生产力和竞争力。这样不仅能帮助企业从容应对环境规制的压力，还有利于企业员工的收入增加，真正地实现经济高质量发展中的"提高就业质量和人民收入水平"与生态环境保护的多赢。

参 考 文 献

［1］ Agarwal S, Qian W. Consumption and Debt Response to Unanticipated Income Shocks: Evidence from a Natural Experiment in Singapore ［J］. American Economic Review, 2014, 104 （12）: 4205-4230.

［2］ Andersen D C. Accounting for Loss of Variety and Factor Reallocations in the Welfare Cost of Regulations ［J］. Journal of Environmental Economics and Management, 2018, 88: 69-94.

［3］ Arouri M E H, Caporale G M, Rault C, et al. Environmental Regulation and Competitiveness: Evidence from Romania ［J］. Ecological Economics, 2012, 81: 130-139.

［4］ Auffhammer M, Bento A M, Lowe S E. Measuring the Effects of the Clean Air Act Amendments on Ambient PM10 Concentrations: The Critical Importance of a Spatially Disaggregated Analysis ［J］. Journal of Environmental Economics and Management, 2008, 58 （1）: 15-26.

［5］ Auffhammer M, Kellogg R. Clearing the Air? The Effects of Gasoline Content Regulation on Air Quality ［J］. American Economic Review, 2011, 101 （6）: 2687-2722.

［6］ Bai C, Lu J, Tao Z. How Does Privatization Work in China? ［J］. Journal of Comparative Economics, 2009, 37 （3）: 453-470.

［7］ Barbera A J, Mcconnell V D. The Impact of Environmental Regulations on Industry Productivity: Direct and Indirect Effects ［J］. Journal of Environmental Economics and Management, 1990, 18 （1）: 50-65.

［8］ Barrett B F, Therivel R. Environmental Policy and Impact Assessment in Japan ［M］. London: Routledge, 2019.

［9］ Berman E, Bui L T. Environmental Regulation and Labor Demand: Evidence from the South Coast Air Basin ［J］. Journal of Public Economics, 2001, 79 （2）: 265-295.

［10］ Berman E, Bui L T. Environmental Regulation and Productivity: Evidence from Oil Refineries [J]. Review of Economics and Statistics, 2001, 83 (3): 498-510.

[11] Bernard A B, Redding S J, Schott P K. Multiproduct firms and Trade Liberalization [J]. The Quarterly Journal of Economics, 2011, 126 (3): 1271-1318.

[12] Bezdek R H, Wendling R M, Diperna P. Environmental Protection, the Economy, and Jobs: National and Regional Analyses [J]. Journal of Environmental Management, 2008, 86 (1): 63-79.

[13] Brandt L, Tombe T, Zhu X. Factor Market Distortions Across Time, Space and Sectors in China [J]. Review of Economic Dynamics, 2013, 16 (1): 39-58.

[14] Brandt L, Van Biesebroeck J, Zhang Y. Creative Accounting or Creative Destruction? Firm-Level Productivity Growth in Chinese Manufacturing [J]. Journal of Development Economics, 2011, 97 (2): 339-351.

[15] Brännlund R, Färe R, Grosskopf S. Environmental Regulation and Profitability: An Application to Swedish Pulp and Paper Mills [J]. Environmental and Resource Economics, 1995, 6 (1): 23-36.

[16] Broda C, Weinstein D E. Globalization and the Gains from Variety [J]. The Quarterly Journal of Economics, 2006, 121 (2): 541-585.

[17] Brunnermeier S B, Cohen M A. Determinants of Environmental Innovation in US Manufacturing Industries [J]. Journal of Environmental Economics and Management, 2003, 45 (2): 278-293.

[18] Cai X, Lu Y, Wu M, et al. Does Environmental Regulation Drive Away Inbound Foreign Direct Investment? Evidence from a Quasi-Natural Experiment in China [J]. Journal of Development Economics, 2016, 123: 73-85.

[19] Candau F, Dienesch E. Pollution Haven and Corruption Paradise [J]. Journal of Environmental Economics and Management, 2017, 85: 171-192.

[20] Chay K Y, Greenstone M. Air Quality, Infant Mortality, and the Clean Air Act of 1970 [R]. National Bureau of Economic Research, 2003.

[21] Chay K Y, Greenstone M. Does Air Quality Matter? Evidence from the Housing Market [J]. Journal of Political Economy, 2005, 113 (2): 376-424.

[22] Chen P, Yu M, Chang C, et al. Non-Radial Directional Performance Measurement With Undesirable Outputs: An Apptication to OECD and Non-OECD Countries [J]. International Journal of Information Technology and Decision Making 2015, 14 (3): 481-520.

［23］Chen Y J, Li P, Lu Y. Career Concerns and Multitasking Local Bureaucrats: Evidence of a Target-Based Performance Evaluation System in China ［J］. Journal of Development Economics, 2018, 133: 84-101.

［24］Chen Z, Kahn M E, Liu Y, et al. The Consequences of Spatially Differentiated Water Pollution Regulation in China ［J］. Journal of Environmental Economics and Management, 2018, 88: 468-485.

［25］Chetty R, Looney A, Kroft K. Salience and Taxation: Theory and Evidence ［J］. American Economic Review, 2009, 99 (4): 1145-1177.

［26］Cohen M A, Tubb A. The Impact of Environmental Regulation on Firm and Country Competitiveness: A Meta-Analysis of the Porter Hypothesis ［J］. Journal of the Association of Environmental and Resource Economists, 2018, 5 (2): 371-399.

［27］Cole M A, Elliott R J. Do Environmental Regulations Cost Jobs? An Industry-Level Analysis of the UK ［J］. The BE Journal of Economic Analysis and Policy, 2007, 7 (1).

［28］Cole M A, Elliott R J, Shimamoto K. Industrial Characteristics, Environmental Regulations and Air Pollution: An Analysis of the UK Manufacturing Sector ［J］. Journal of Environmental Economics and Management, 2004, 50 (1): 121-143.

［29］Curtis E M. Who Loses under Cap-and-Trade Programs? The Labor Market Effects of the NO$_X$ Budget Trading Program ［J］. Review of Economics and Statistics, 2018, 100 (1): 151-166.

［30］Davis L W. The Effect of Driving Restrictions on Air Quality in Mexico City ［J］. Journal of Political Economy, 2008, 116 (1): 38-81.

［31］Dechezleprêtre A, Sato M. The Impacts of Environmental Regulations on Competitiveness ［J］. Review of Environmental Economics and Policy, 2017, 11 (2): 183-206.

［32］Domingues J M, Pecorelli-Peres L A, Seroa Da Motta R. Environmental Regulation and Automotive Industrial Policies in Brazil: The Case of INOVAR-AUTO ［J］. Law and Business Review of the Americas, 2014, 20 (3): 399.

［33］Färe R, Grosskopf S, Pasurka Jr C A. Pollution Abatement Activities and Traditional Productivity ［J］. Ecological Economics, 2007, 62 (3-4): 673-682.

［34］Ferris A E, Shadbegian R J, Wolverton A. The Effect of Environmental Regulation on Power Sector Employment: Phase I of the Title Ⅳ SO$_2$ Trading Program

［J］. Journal of the Association of Environmental and Resource Economists, 2014, 1 (4): 521-553.

［35］Freeman III A M, Haveman R H, Kneese A V. Economics of Environmental Policy ［J］. Nation, 1973, 55 (4): 687-689.

［36］Fu S, Viard V B, Zhang P. Air Pollution and Manufacturing Firm Productivity: Nationwide Estimates for China ［J］. Available at SSRN 2956505, 2018.

［37］Gentzkow M. Television and Voter Turnout ［J］. The Quarterly Journal of Economics, 2006, 121 (3): 931-972.

［38］Gray W B. The Cost of Regulation: OSHA, EPA and the Productivity Slowdown ［J］. The American Economic Review, 1987, 77 (5): 998-1006.

［39］Gray W B, Shadbegian R J. Environmental Regulation and Manufacturing Productivity at the Plant Level ［R］. National Bureau of Economic Research, 1993.

［40］Gray W B, Shadbegian R J, Wang C, et al. Do EPA Regulations Affect Labor Demand? Evidence from the Pulp and Paper Industry ［J］. Journal of Environmental Economics and Management, 2014, 68 (1): 188-202.

［41］Greenstone M. The Impacts of Environmental Regulations on Industrial Activity: Evidence from the 1970 and 1977 Clean Air Act Amendments and the Census of Manufactures ［J］. Journal of Political Economy, 2002, 110 (6): 1175-1219.

［42］Greenstone M. Did the Clean Air Act Cause the Remarkable Decline in Sulfur Dioxide Concentrations? ［J］. Journal of Environmental Economics and Management, 2004, 47 (3): 585-611.

［43］Greenstone M, Gayer T. Quasi-Experimental and Experimental Approaches to Environmental Economics ［J］. Journal of Environmental Economics and Management, 2009, 57 (1): 21-44.

［44］Greenstone M, Hanna R. Environmental Regulations, Air and Water Pollution, and Infant Mortality in India ［J］. American Economic Review, 2011, 104 (10): 3038-3072.

［45］Greenstone M, List J A, Syverson C. The Effects of Environmental Regulation on the Competitiveness of US Manufacturing ［R］. National Bureau of Economic Research, 2012.

［46］Hafstead M A, Williams III R C. Unemployment and Environmental Regulation in General Equilibrium ［J］. Journal of Public Economics, 2018, 160: 50-65.

［47］Han X, Guo Q, Liu C, et al. Effect of the Pollution Control Measures on

PM2. 5 during the 2015 China Victory Day Parade: Implication from Water-Soluble Ions and Sulfur Isotope [J]. Environmental Pollution, 2016, 218: 230-241.

[48] Hao J, Wang S, Liu B, et al. Plotting of Acid Rain and Sulfur Dioxide Pollution Control Zones and Integrated Control Planning in China [J]. Water, Air, and Soil Pollution, 2001, 130 (1-4): 259-264.

[49] He G, Fan M, Zhou M. The Effect of Air Pollution on Mortality in China: Evidence from the 2008 Beijing Olympic Games [J]. Journal of Environmental Economics and Management, 2016, 79: 18-39.

[50] Henderson J V. Effects of Air Quality Regulation [J]. American Economic Review, 1996, 86 (4): 789-813.

[51] Henneman L R, Liu C, Chang H, et al. Air Quality Accountability: Developing Long-Term Daily Time Series of Pollutant Changes and Uncertainties in Atlanta, Georgia Resulting from the 1990 Clean Air Act Amendments [J]. Environment international, 2019, 123: 522-534.

[52] Hering L, Poncet S. Environmental Policy and Exports: Evidence from Chinese Cities [J]. Journal of Environmental Economics and Management, 2014, 68 (2): 296-318.

[53] Hsieh C, Klenow P J. Misallocation and Manufacturing TFP in China and India [J]. The Quarterly Journal of Economics, 2009, 124 (4): 1403-1448.

[54] Irazábal C. Coastal Urban Planning in The "Green Republic": Tourism Development and the Nature-Infrastructure Paradox in Costa Rica [J]. International Journal of Urban and Regional Research, 2018, 42 (5): 882-913.

[55] OECD ISIC REV. Technology Intensity Definition. OECD Directorate for Science, Technology and Industry Economic Analysis and Statistics Division: Paris, France, 2011.

[56] Jacobson L S, Lalonde R J, Sullivan D G. Earnings Losses of Displaced Workers [J]. The American Economic Review, 1993, 83 (4): 685-709.

[57] Jaffe A B, Palmer K. Environmental Regulation and Innovation: A Panel Data Study [J]. Review of Economics and Statistics, 1997, 79 (4): 610-619.

[58] Jensen S, Mohlin K, Pittel K, et al. An Introduction to the Green Paradox: The Unintended Consequences of Climate Policies [J]. Review of Environmental Economics and Policy, 2015, 9 (2): 246-265.

[59] Klompmaker J O, Hoek G, Bloemsma L D, et al. Associations of

Combined Exposures to Surrounding Green, Air Pollution and Traffic Noise on Mental Health [J]. Environment International, 2019, 129: 525-537.

[60] Korhonen J, Pätäri S, Toppinen A, et al. The Role of Environmental Regulation in the Future Competitiveness of the Pulp and Paper Industry: The Case of the Sulfur Emissions Directive in Northern Europe [J]. Journal of Cleaner Production, 2015, 108: 864-872.

[61] Kozluk T, Zipperer V. Environmental Policies and Productivity Growth [J]. OECD Journal: Economic Studies, 2015, 2014 (1): 155-185.

[62] Kube R, Löschel A, Mertens H, et al. Research Trends in Environmental and Resource Economics: Insights from Four Decades of JEEM [J]. Journal of Environmental Economics and Management, 2018, 92: 433-464.

[63] La Ferrara E, Chong A, Duryea S. Soap Operas and Fertility: Evidence from Brazil [J]. American Economic Journal: Applied Economics, 2012, 4 (4): 1-31.

[64] Lee S, Yoo H, Nam M. Impact of the Clean Air Act on Air Pollution and Infant Health: Evidence from South Korea [J]. Economics Letters, 2018, 168: 98-101.

[65] Levinson A. Valuing Public Goods Using Happiness Data: The Case of Air Quality [J]. Journal of Public Economics, 2012, 96 (9-10): 869-880.

[66] Li M, Zhang D, Li C, et al. Air Quality Co-Benefits of Carbon Pricing in China [J]. Nature Climate Change, 2018, 8 (5): 398.

[67] Li P, Lu Y, Wang J. Does Flattening Government Improve Economic Performance? Evidence from China [J]. Journal of Development Economics, 2016, 123: 18-37.

[68] Li X, Qiao Y, Zhu J, et al. The "APEC Blue" Endeavor: Causal Effects of Air Pollution Regulation on Air Quality in China [J]. Journal of Cleaner Production, 2017, 168: 1381-1388.

[69] Li Y, Guan D, Yu Y, et al. A Psychophysical Measurement on Subjective Well-Being and Air Pollution [J]. Nature Communications, 2019, 10 (1): 1-8.

[70] Liu M, Shadbegian R, Zhang B. Does Environmental Regulation Affect Labor Demand in China? Evidence from the Textile Printing and Dyeing Industry [J]. Journal of Environmental Economics and Management, 2017, 86: 277-294.

[71] Lu Y, Wang J, Zhu L. Place-Based Policies, Creation, and Agglomeration Economies: Evidence from China's Economic Zone Program [J]. American Economic

Journal: Economic Policy, 2019, 11 (3): 325-360.

[72] Luechinger S. Air Pollution and Infant Mortality: A Natural Experiment from Power Plant Desulfurization [J]. Journal of Health Economics, 2014, 37: 219-231.

[73] Lutfalla M. Accounting for Slower Economic Growth, The US in the 1970 s [Z]. JSTOR, 1980.

[74] Ma T, Takeuchi K. Cleaning Up the Air for the 2008 Beijing Olympic Games: Empirical Study on China's Thermal Power Sector [J]. Resource and Energy Economics, 2020 (60): 101-151.

[75] Makdissi P, Wodon Q. Environmental Regulation and Economic Growth under Education Externalities [J]. Journal of Economic Development, 2006, 31 (1): 45.

[76] Manello A. Productivity Growth, Environmental Regulation and Win-Win Opportunities: The Case of Chemical Industry in Italy and Germany [J]. European Journal of Operational Research, 2017, 262 (2): 733-743.

[77] Matthews T, Marston G. How Environmental Storylines Shaped Regional Planning Policies in South East Queensland, Australia: A Long-Term Analysis [J]. Land Use Policy, 2019, 85: 476-484.

[78] Mishra V, Smyth R. Environmental Regulation and Wages in China [J]. Journal of Environmental Planning and Management, 2012, 55 (8): 1075-1093.

[79] Mohr R D. Technical Change, External Economies, and the Porter Hypothesis [J]. Journal of Environmental Economics and Management, 2002, 43 (1): 158-168.

[80] Morgenstern R D, Pizer W A, Shih J. Jobs Versus the Environment: An Industry-Level Perspective [J]. Journal of Environmental Economics and Management, 2002, 43 (3): 412-436.

[81] Murad M W, Alam M M, Noman A H M, et al. Dynamics of Technological Innovation, Energy Consumption, Energy Price and Economic Growth in Denmark [J]. Environmental Progress and Sustainable Energy, 2019, 38 (1): 22-29.

[82] Nachtigall D, Rübbelke D. The Green Paradox and Learning-By-Doing in the Renewable Energy Sector [J]. Resource and Energy Economics, 2016, 43: 74-92.

[83] Najm S. The Green Paradox and Budgetary Institutions [J]. Energy Policy,

2019, 133: 110846.

[84] Organization W H. Noncommunicable Diseases Country Profiles 2018 [J]. Scand J Soc Med, 2018, 14 (1): 7–14.

[85] Pastor J T, Asmild M, Lovell C K. The Biennial Malmquist Productivity Change Index [J]. Socio–Economic Planning Sciences, 2011, 45 (1): 10–15.

[86] Porter M E, Van der Linde C. Toward a New Conception of the Environment–Competitiveness Relationship [J]. Journal of Economic Perspectives, 1995, 9 (4): 97–118.

[87] Raff Z, Earnhart D. The Effects of Clean Water Act Enforcement on Environmental Employment [J]. Resource and Energy Economics, 2019, 57: 1–17.

[88] Restuccia D, Rogerson R. Policy Distortions and Aggregate Productivity with Heterogeneous Establishments [J]. Review of Economic Dynamics, 2008, 11 (4): 707–720.

[89] Rosenbaum P R, Rubin D B. Constructing a Control Group Using Multivariate Matched Sampling Methods that Incorporate the Propensity Score [J]. The American Statistician, 2012, 39 (1): 33–38.

[90] Shapiro J S, Walker R. Why is Pollution from US Manufacturing Declining? The Roles of Environmental Regulation, Productivity, and Trade [J]. American Economic Review, 2018, 108 (12): 3814–3854.

[91] Sheriff G, Ferris A E, Shadbegian R J. How did Air Quality Standards Affect Employment at US Power Plants? The Importance of Timing, Geography, and Stringency [J]. Journal of the Association of Environmental and Resource Economists, 2019, 6 (1): 111–149.

[92] Shi X, Xu Z. Environmental Regulation and Firm Exports: Evidence from the Eleventh Five–Year Plan in China [J]. Journal of Environmental Economics and Management, 2018, 89: 187–200.

[93] Sinn H. Public Policies Against Global Warming: A Supply Side Approach [J]. International Tax and Public Finance, 2008, 15 (4): 360–394.

[94] Tang H, Liu J, Wu J. The Impact of Command–and–Control Environmental Regulation on Enterprise Total Factor Productivity: A Quasi–Natural Experiment Based on China's "Two Control Zone" Policy [J]. Journal of Cleaner Production, 2020 (254): 120011.

[95] Taylor C M, Gallagher E A, Pollard S J, et al. Environmental Regulation

in Transition: Policy Officials' Views of Regulatory Instruments and Their Mapping to Environmental Risks [J]. Science of the Total Environment, 2019, 646: 811-820.

[96] Tombe T, Winter J. Environmental Policy and Misallocation: The Poductivity Effect of Intensity Standards [J]. Journal of Environmental Economics and Management, 2015, 72: 137-163.

[97] Van der Ploeg F, Withagen C. Is There Really a Green Paradox? [J]. Journal of Environmental Economics and Management, 2012, 64 (3): 342-363.

[98] Ploeg F, Withagen C. Global warming and the Green Paradox: A Review of Adverse Effects of Climate Policies [J]. Review of Environmental Economics and Policy, 2015, 9 (2): 285-303.

[99] Van der Werf E, Di Maria C. Unintended Detrimental Effects of Environmental Policy: The Green Paradox and Beyond [R]. CES ifo Working Paper Stories, 2011.

[100] Van Donkelaar A, Martin R V, Brauer M, et al. Global Annual PM2. 5 Grids from MODIS, MISR and SeaWiFS Aerosol Optical Depth (AOD) with GWR, 1998-2016 [J]. NASA Socioeconomic Data and Applications Center (SEDAC), 2018.

[101] Vona F, Marin G, Consoli D, et al. Environmental Regulation and Green Skills: An Empirical Exploration [J]. Journal of the Association of Environmental and Resource Economists, 2018, 5 (4): 713-753.

[102] Walker W R. Environmental Regulation and Labor Reallocation: Evidence from the Clean Air Act [J]. American Economic Review, 2011, 101 (3): 442-447.

[103] Walker W R. The Transitional Costs of Sectoral Reallocation: Evidence From the Clean Air Act and the Workforce [J]. Quarterly Journal Of Economics, 2013, 128 (4): 1787-1835.

[104] Walley N, Whitehead B. It's Not Easy Being Green [J]. Harvard Business Review, 1994, 72 (3): 46-51.

[105] Wang G, Cheng S, Wei W, et al. Characteristics and Emission – Reduction Measures Evaluation of PM2. 5 During the Two Major Events: APEC and Parade [J]. Science of the Total Environment, 2017, 595: 81-92.

[106] Wang Y, Zhang Y, Schauer J J, et al. Relative Impact of Emissions Controls and Meteorology on Air Pollution Mitigation Associated with the Asia-Pacific Economic Cooperation (APEC) Conference in Beijing, China [J]. Science of the Total Environment, 2016, 571: 1467-1476.

[107] Xue T, Zhu T, Zheng Y, et al. Declines in Mental Health Associated with Air Pollution and Temperature Variability in China [J]. Nature Communications, 2019, 10 (1): 1-8.

[108] Xue Y, Wang Y, Li X, et al. Multi-Dimension Apportionment of Clean Air "Parade Blue" Phenomenon in Beijing [J]. Journal of Environmental Sciences, 2018, 65 (3): 29-42.

[109] Yamazaki A. Jobs and Climate Policy: Evidence From British Columbia's Revenue-Neutral Carbon Tax [J]. Journal of Environmental Economics and Management, 2017, 83: 197-216.

[110] Zhang G, Zhang N, Liao W. How do Population and Land Urbanization Affect CO_2 Emissions Under Gravity Center Change? A Spatial Econometric Analysis [J]. Journal of Cleaner Production, 2018, 202: 510-523.

[111] Zhang K, Zhang Z, Liang Q. An Empirical Analysis of the Green Paradox in China: From the Perspective of Fiscal Decentralization [J]. Energy Policy, 2017, 103: 203-211.

[112] Zhang Q, Yu Z, Kong D. The Real Effect of Legal Institutions: Environmental Courts and Firm Environmental Protection Expenditure [J]. Journal of Environmental Economics and Management, 2019, 98: 102.

[113] Zhang Q, Jiang X, Tong D, et al. Transboundary Health Impacts of Transported Global Air Pollution and International Trade [J]. Nature, 2017, 543 (7647): 705.

[114] Zhang X, Zhang X, Chen X. Happiness in the Air: How Does a Dirty Sky Affect Mental Health and Subjective Well-Being? [J]. Journal of Environmental Economics and Management, 2017, 85: 81-94.

[115] Zhang X, Zhang X, Chen X. Valuing Air Quality Using Happiness Data: The Case of China [J]. Ecological Economics, 2017, 137: 29-36.

[116] Zheng S, Wang J, Sun C, et al. Air Pollution Lowers Chinese Urbanites' Expressed Happiness on Social Media [J]. Nature Human Behaviour, 2019, 3 (3): 237.

[117] Zhou P, Ang B W, Wang H. Energy and CO_2 Emission Performance in Electricity Generation: A Non-Radial Directional Distance Function Approach [J]. European Journal of Operational Research, 2012, 221 (3): 625-635.

[118] 包群, 邵敏, 侯维忠. 出口改善了员工收入吗? [J]. 经济研究,

2011, 46 (9): 41-54.

[119] 步晓宁, 张天华, 张少华. 通向繁荣之路: 中国高速公路建设的资源配置效率研究 [J]. 管理世界, 2019, 35 (5): 44-63.

[120] 才国伟, 杨豪. 外商直接投资能否改善中国要素市场扭曲 [J]. 中国工业经济, 2019 (10): 42-60.

[121] 曹静, 郭哲. 中国二氧化硫排污权交易试点的政策效应——基于 PSM-DID 方法的政策效应评估 [J]. 重庆社会科学, 2019 (7): 24-37.

[122] 陈诗一, 陈登科. 中国资源配置效率动态演化——纳入能源要素的新视角 [J]. 中国社会科学, 2017 (4): 67-83.

[123] 陈识金. 当代中国改革历程的全面展现——评《中国改革大辞典》[J]. 中国图书评论, 1992, 3 (6): 14-15.

[124] 陈玉洁, 仲伟周. 环境规制对创新产出的影响——基于区域吸收能力视角的分析 [J]. 城市问题, 2019 (11): 69-78.

[125] 崔广慧, 姜英兵. 环境规制对企业环境治理行为的影响——基于新《环保法》的准自然实验 [J]. 经济管理, 2019, 41 (10): 54-72.

[126] 崔广慧, 姜英兵. 环保产业政策支持对劳动力需求的影响研究——基于重污染上市公司的经验证据 [J]. 产业经济研究, 2019 (1): 99-112.

[127] 邓慧慧, 杨露鑫. 雾霾治理、地方竞争与工业绿色转型 [J]. 中国工业经济, 2019 (10): 118-136.

[128] 董香书, 肖翔. "振兴东北老工业基地" 有利于产值还是利润？——来自中国工业企业数据的证据 [J]. 管理世界, 2017 (7): 24-34.

[129] 杜龙政, 赵云辉, 陶克涛, 等. 环境规制、治理转型对绿色竞争力提升的复合效应——基于中国工业的经验证据 [J]. 经济研究, 2019, 54 (10): 106-120.

[130] 杜朋, 李德平, 刘建国, 等. APEC 前后北京郊区大气颗粒物变化特征及其潜在来源区分析 [J]. 环境科学学报, 2018, 38 (10): 3846-3855.

[131] 樊海潮, 张丽娜. 贸易自由化、成本加成与企业内资源配置 [J]. 财经研究, 2019, 45 (5): 139-152.

[132] 范洪敏. 环境规制会抑制农民工城镇就业吗 [J]. 人口与经济, 2017, 5 (5): 45-56.

[133] 范子英, 田彬彬. 税收竞争、税收执法与企业避税 [J]. 经济研究, 2013, 48 (9): 99-111.

[134] 方虹, 何琦, 罗炜. 环境规制对国际竞争力影响研究进展 [J]. 经济

学动态，2012（11）：127-134.

[135] 冯阔，林发勤，陈珊珊 . 我国城市雾霾污染、工业企业偷排与政府污染治理 [J]. 经济科学，2019（5）：56-68.

[136] 龚关，胡关亮 . 中国制造业资源配置效率与全要素生产率 [J]. 经济研究，2013，48（4）：4-15.

[137] 郭俊杰，方颖，杨阳 . 排污费征收标准改革是否促进了中国工业二氧化硫减排 [J]. 世界经济，2019，42（1）：121-144.

[138] 韩超，胡浩然 . 清洁生产标准规制如何动态影响全要素生产率——剔除其他政策干扰的准自然实验分析 [J]. 中国工业经济，2015，5（5）：70-82.

[139] 韩超，张伟广，冯展斌 . 环境规制如何"去"资源错配——基于中国首次约束性污染控制的分析 [J]. 中国工业经济，2017，4（4）：115-134.

[140] 韩晶，刘远，张新闻 . 市场化、环境规制与中国经济绿色增长 [J]. 经济社会体制比较，2017（5）：105-115.

[141] 郝吉明，马广大，王书肖，等 . 大气污染控制工程（第三版）[M]. 北京：高等教育出版社，1985.

[142] 洪大用 . 经济增长、环境保护与生态现代化——以环境社会学为视角 [J]. 中国社会科学，2012（9）：82-99.

[143] 黄金枝，曲文阳 . 环境规制对城市经济发展的影响——东北老工业基地波特效应再检验 [J]. 工业技术经济，2019，38（12）：34-40.

[144] 贾佳，郭秀锐，程水源 . APEC 期间北京市 PM 2.5 特征模拟分析及污染控制措施评估 [J]. 中国环境科学，2016，36（8）：2337-2346.

[145] 简泽，徐扬，吕大国，等 . 中国跨企业的资本配置扭曲：金融摩擦还是信贷配置的制度偏向 [J]. 中国工业经济，2018（11）：24-41.

[146] 姜磊，周海峰，柏玲，等 . 中国城市空气质量指数（AQI）的动态变化特征 [J]. 经济地理，2018，38（9）：87-95.

[147] 姜英兵，崔广慧 . 环保产业政策对环境污染影响效应研究——基于重污染企业环保投资的视角 [J]. 南方经济，2019，38（9）：51-68.

[148] 金碚 . 资源环境管制与工业竞争力关系的理论研究 [J]. 中国工业经济，2009（3）：5-17.

[149] 邝嫦娥，田银华，李昊匡 . 环境规制的污染减排效应研究——基于面板门槛模型的检验 [J]. 世界经济文汇，2017（3）：84-101.

[150] 李斌，詹凯云，胡志高 . 环境规制与就业真的能实现"双重红利"吗？——基于我国"两控区"政策的实证研究 [J]. 产业经济研究，2019（1）：

113-126.

[151] 李程宇, 邵帅. 可预期减排政策会引发"绿色悖论"效应吗？——基于中国供给侧改革与资本稀缺性视角的考察 [J]. 系统工程理论与实践, 2017, 37 (5): 1184-1200.

[152] 李蕾蕾, 盛丹. 地方环境立法与中国制造业的行业资源配置效率优化 [J]. 中国工业经济, 2018, 7 (7): 136-154.

[153] 李丽娜, 李林汉. 环境规制对经济发展的影响——基于省际面板数据的分析 [J]. 四川师范大学学报 (社会科学版), 2019, 46 (3): 43-52.

[154] 李胜旗, 毛其淋. 关税政策不确定性如何影响就业与工资 [J]. 世界经济, 2018, 41 (6): 28-52.

[155] 李卫兵, 刘方文, 王滨. 环境规制有助于提升绿色全要素生产率吗？——基于两控区政策的估计 [J]. 华中科技大学学报 (社会科学版), 2019, 33 (1): 72-82.

[156] 李艳, 杨汝岱. 地方国企依赖、资源配置效率改善与供给侧改革 [J]. 经济研究, 2018, 53 (2): 80-94.

[157] 李颖, 徐小峰, 郑越. 环境规制强度对中国工业全要素能源效率的影响——基于 2003—2016 年 30 省域面板数据的实证研究 [J]. 管理评论, 2019, 31 (12): 40-48.

[158] 李勇辉, 袁旭宏, 吴朝霞. 企业创新、迁移决策与排污权制度研究: 基于文献的述评 [J]. 经济社会体制比较, 2016 (4): 212-221.

[159] 林伯强, 谭睿鹏. 中国经济集聚与绿色经济效率 [J]. 经济研究, 2019, 54 (2): 119-132.

[160] 刘炳江, 郝吉明, 贺克斌, 等. 中国酸雨和二氧化硫污染控制区区划及实施政策研究 [J]. 中国环境科学, 1998, 18 (1): 2-8.

[161] 刘晨跃, 徐盈之. 环境规制如何影响雾霾污染治理？——基于中介效应的实证研究 [J]. 中国地质大学学报 (社会科学版), 2017, 17 (6): 41-53.

[162] 刘海英, 谢建政. 排污权交易与清洁技术研发补贴能提高清洁技术创新水平吗——来自工业 SO_2 排放权交易试点省份的经验证据 [J]. 上海财经大学学报, 2016, 18 (5): 79-90.

[163] 刘和旺, 向昌勇, 郑世林. "波特假说"何以成立: 来自中国的证据 [J]. 经济社会体制比较, 2018 (1): 54-62.

[164] 刘建国, 谢品华, 王跃思, 等. APEC 前后京津冀区域灰霾观测及控制措施评估 [J]. 中国科学院院刊, 2015, 30 (3): 368-377.

[165] 刘磊, 万紫千红. 中央环保绩效考核对地方二氧化硫排放量的影响: 基于"十一五"与"十二五"时期的检验 [J]. 中国环境管理, 2019, 11 (4): 113-118.

[166] 卢洪友, 刘啟明, 徐欣欣, 等. 环境保护税能实现"减污"和"增长"么? ——基于中国排污费征收标准变迁视角 [J]. 中国人口·资源与环境, 2019, 29 (6): 130-137.

[167] 鲁晓东, 连玉君. 中国工业企业全要素生产率估计: 1999—2007 [J]. 经济学 (季刊), 2012, 11 (2): 541-558.

[168] 陆建明. 环境技术改善的不利环境效应: 另一种"绿色悖论" [J]. 经济学动态, 2015 (11): 68-78.

[169] 罗知, 李浩然. "大气十条"政策的实施对空气质量的影响 [J]. 中国工业经济, 2018 (9): 136-154.

[170] 马国霞, 周颖, 吴春生, 等. 成渝地区《大气污染防治行动计划》实施的成本效益评估 [J]. 中国环境管理, 2019, 11 (6): 38-43.

[171] 毛海涛, 钱学锋, 张洁. 企业异质性、贸易自由化与市场扭曲 [J]. 经济研究, 2018, 53 (2): 170-184.

[172] 毛敏娟, 胡德云. 杭州 G20 峰会空气污染控制状况评估 [J]. 环境科学研究, 2017, 30 (12): 1822-1831.

[173] 聂辉华, 江艇, 杨汝岱. 中国工业企业数据库的使用现状和潜在问题 [J]. 世界经济, 2012, 35 (5): 142-158.

[174] 戚建刚, 肖季业. "煤改气"工程被"叫停"的行政法阐释 [J]. 华中科技大学学报 (社会科学版), 2019, 33 (4): 82-92.

[175] 齐绍洲, 徐佳. 环境规制与制造业低碳国际竞争力——基于二十国集团"波特假说"的再检验 [J]. 武汉大学学报 (哲学社会科学版), 2018, 71 (1): 132-144.

[176] 祁毓, 卢洪友, 张宁川. 环境规制能实现"降污"和"增效"的双赢吗——来自环保重点城市"达标"与"非达标"准实验的证据 [J]. 财贸经济, 2016, 37 (9): 126-143.

[177] 钱学锋, 蔡庸强. 资源误置测度方法研究述评 [J]. 北京工商大学学报 (社会科学版), 2014, 29 (3): 116-126.

[178] 钱学锋, 毛海涛, 徐小聪. 中国贸易利益评估的新框架——基于双重偏向型政策引致的资源误置视角 [J]. 中国社会科学, 2016 (12): 83-108.

[179] 钱学锋, 潘莹, 毛海涛. 出口退税、企业成本加成与资源误置 [J].

世界经济，2015，38（8）：80-106.

[180]钱学锋，王胜．汇率与出口退税的政策协调及其资源再配置效应[J]．财贸经济，2017，38（8）：66-79.

[181]钱学锋，张洁，毛海涛．垂直结构、资源误置与产业政策[J]．经济研究，2019，54（2）：54-67.

[182]秦明，齐晔．环境规制的收入分配效应研究[J]．经济与管理研究，2019，40（11）：70-81.

[183]任胜钢，李波．排污权交易对企业劳动力需求的影响及路径研究——基于中国碳排放权交易试点的准自然实验检验[J]．西部论坛，2019（5）：13.

[184]任胜钢，郑晶晶，刘东华，等．排污权交易机制是否提高了企业全要素生产率——来自中国上市公司的证据[J]．中国工业经济，2019（5）：5-23.

[185]邵帅，李欣，曹建华．中国的城市化推进与雾霾治理[J]．经济研究，2019，54（2）：148-165.

[186]邵帅，李欣，曹建华，等．中国雾霾污染治理的经济政策选择——基于空间溢出效应的视角[J]．经济研究，2016，51（9）：73-88.

[187]邵帅，杨振兵．环境规制与劳动需求：双重红利效应存在吗？——来自中国工业部门的经验证据[J]．环境经济研究，2017，2（2）：64-80.

[188]邵帅，张可，豆建民．经济集聚的节能减排效应：理论与中国经验[J]．管理世界，2019，35（1）：36-60.

[189]盛丹，刘灿雷．外部监管能够改善国企经营绩效与改制成效吗？[J]．经济研究，2016，51（10）：97-111.

[190]盛丹，张国峰．两控区环境管制与企业全要素生产率增长[J]．管理世界，2019，35（2）：24-42.

[191]宋弘，孙雅洁，陈登科．政府空气污染治理效应评估——来自中国"低碳城市"建设的经验研究[J]．管理世界，2019，35（6）：95-108.

[192]孙建，柴泽阳．中国区域环境规制"绿色悖论"空间面板研究[J]．统计与决策，2017（15）：137-141.

[193]孙文远，程秀英．环境规制对污染行业就业的影响[J]．南京审计大学学报，2018，15（2）：25-34.

[194]陶长琪，丁煜．环境权益交易与企业费用黏性——来自排污权交易准自然实验的证据[J]．当代财经，2019（9）：3-15.

[195]童健，刘伟，薛景．环境规制、要素投入结构与工业行业转型升级[J]．经济研究，2016，51（7）：43-57.

[196] 王兵，刘光天．节能减排与中国绿色经济增长——基于全要素生产率的视角 [J]．中国工业经济，2015（5）：57-69．

[197] 王兵，吴延瑞，颜鹏飞．中国区域环境效率与环境全要素生产率增长 [J]．经济研究，2010，45（5）：95-109．

[198] 王文兴，柴发合，任阵海，等．新中国成立70年来我国大气污染防治历程、成就与经验 [J]．环境科学研究，2019，32（10）：1621-1635．

[199] 王韵杰，张少君，郝吉明．中国大气污染治理：进展·挑战·路径 [J]．环境科学研究，2019，32（10）：1755-1762．

[200] 王占山，李云婷，张大伟，等．2015年"九三阅兵"期间北京市空气质量分析 [J]．中国环境科学，2017，37（5）：1628-1636．

[201] 吴朝霞，葛冰馨．排污权交易试点的波特效应研究——基于中国11个试点省市的数据 [J]．湘潭大学学报（哲学社会科学版），2018，42（6）：37-40．

[202] 吴明琴，周诗敏，陈家昌．环境规制与经济增长可以双赢吗——基于我国"两控区"的实证研究 [J]．当代经济科学，2016，38（6）：44-54．

[203] 吴萍萍．2017年金砖会晤期间泉州地区空气质量污染特征分析 [J]．环保科技，2019，25（3）：41-44．

[204] 吴延瑞．生产率对中国经济增长的贡献：新的估计 [J]．经济学季刊，2008，7（3）：827-842．

[205] 伍格致，游达明．"绿色悖论"再探析——基于经济政策不确定性视角 [J]．系统工程，2018，36（10）：61-72．

[206] 席鹏辉，梁若冰，谢贞发，等．财政压力、产能过剩与供给侧改革 [J]．经济研究，2017，52（9）：86-102．

[207] 熊波，杨碧云．命令控制型环境政策改善了中国城市环境质量吗？——来自"两控区"政策的"准自然实验" [J]．中国地质大学学报（社会科学版），2019，19（3）：63-74．

[208] 徐敏燕，左和平．集聚效应下环境规制与产业竞争力关系研究——基于"波特假说"的再检验 [J]．中国工业经济，2013，3（3）：72-84．

[209] 徐淑丹．中国城市的资本存量估算和技术进步率：1992~2014年 [J]．管理世界，2017（1）：17-29．

[210] 徐彦坤，祁毓．环境规制对企业生产率影响再评估及机制检验 [J]．财贸经济，2017，38（6）：147-161．

[211] 徐志伟．环境规制扭曲、生产效率损失与规制对象的选择性保护 [J]．产业经济研究，2018（6）：89-101．

[212] 许和连，邓玉萍．经济增长、FDI 与环境污染——基于空间异质性模型研究 [J]．财经科学，2012（9）：57-64．

[213] 闫文娟，郭树龙．环境规制政策的就业及工资效应——一项基于准自然实验的经验研究 [J]．软科学，2018，32（3）：84-88．

[214] 杨仁发，李娜娜．环境规制与中国工业绿色发展：理论分析与经验证据 [J]．中国地质大学学报（社会科学版），2019，19（5）：79-91．

[215] 杨汝岱．中国制造业企业全要素生产率研究 [J]．经济研究，2015，50（2）：61-74．

[216] 杨振兵，张诚．中国工业部门工资扭曲的影响因素研究——基于环境规制的视角 [J]．财经研究，2015，41（9）：133-144．

[217] 于斌斌，金刚，程中华．环境规制的经济效应："减排"还是"增效" [J]．统计研究，2019，36（2）：88-100．

[218] 原毅军，陈喆．环境规制、绿色技术创新与中国制造业转型升级 [J]．科学学研究，2019，37（10）：1902-1911．

[219] 原毅军，谢荣辉．FDI、环境规制与中国工业绿色全要素生产率增长——基于 Luenberger 指数的实证研究 [J]．国际贸易问题，2015（8）：84-93．

[220] 张彩云．科技标准型环境规制与企业出口动态——基于清洁生产标准的一次自然实验 [J]．国际贸易问题，2019（12）：32-45．

[221] 张彩云，吕越．绿色生产规制与企业研发创新——影响及机制研究 [J]．经济管理，2018，40（1）：71-91．

[222] 张彩云，王勇，李雅楠．生产过程绿色化能促进就业吗——来自清洁生产标准的证据 [J]．财贸经济，2017，38（3）：131-146．

[223] 张国龙，张廷瀚，陈斌，等．APEC 期间京津冀地区污染物变化特征分析 [J]．大气与环境光学学报，2017，12（3）：184-194．

[224] 张华．"绿色悖论"之谜：地方政府竞争视角的解读 [J]．财经研究，2014，40（12）：114-127．

[225] 张建清，龚恩泽，孙元元．长江经济带环境规制与制造业全要素生产率 [J]．科学学研究，2019，37（9）：1558-1569．

[226] 张礁石，陆亦怀，桂华侨，等．APEC 会议前后北京地区 PM 2.5 污染特征及气象影响因素 [J]．环境科学研究，2016，29（5）：646-653．

[227] 张天华，张少华．偏向性政策、资源配置与国有企业效率 [J]．经济研究，2016，51（2）：126-139．

[228] 张子睿，刘哲，戴潞泓，等．2017 年厦门金砖会晤期间气象因素与管

控措施对空气质量的影响 [J]. 环境科学学报, 2018, 38 (11)：4464-4471.

[229] 赵辉, 郑有飞, 魏莉, 等. G20峰会期间杭州及周边地区空气质量的演变与评估 [J]. 中国环境科学, 2017, 37 (6)：2016-2024.

[230] 赵辉, 郑有飞, 徐静馨, 等. 大阅兵期间北京市大气质量改善效果评估 [J]. 中国环境科学, 2016, 36 (10)：2881-2889.

[231] 赵军平, 罗玲, 郑亦佳, 等. G20峰会期间杭州地区空气质量特征及气象条件分析 [J]. 环境科学学报, 2017, 37 (10)：3885-3893.

[232] 周迪, 周丰年, 王雪芹. 低碳试点政策对城市碳排放绩效的影响评估及机制分析 [J]. 资源科学, 2019, 41 (3)：546-556.

[233] 周宇飞, 胡求光. 隐性经济视角下环境规制对环境污染的影响——基于浙江省经验证据的分析 [J]. 城市问题, 2019 (8)：4-12.

附　录

附录1

附表1-1　2000年二氧化硫浓度已达环境空气质量二级标准的城市名录

省、区、市	城市	省、区、市	城市	省、区、市	城市	省、区、市	城市
天津	天津市	江苏	常州市	安徽	宣州市	山东	德州市
河北	保定市		苏州市		巢湖市	河南	郑州市
	张家口市		南通市	福建	福州市		安阳市
	衡水市		扬州市		厦门市		焦作市
内蒙古自治区	呼和浩特市		镇江市		三明市		济源市
	赤峰市		泰州市		泉州市	湖北	武汉市
辽宁	沈阳市	浙江	杭州市		漳州市		黄石市
	大连市		宁波市		龙岩市		宜昌市
	抚顺市		温州市	江西	南昌市		鄂州市
	锦州市	宁夏回族自治区	银川市		萍乡市		荆门市
	阜新市		嘉兴市		九江市		荆州市
	辽阳市		湖州市		鹰潭市		咸宁市
	葫芦岛市		绍兴市		赣州市		潜江市
吉林	四平市		金华市		吉安市	湖南	湘潭市
	通化市		衢州市		抚州市		衡阳市
	延吉市		台州市	山东	青岛市		岳阳市
上海	上海市		芜湖市		枣庄市		常德市
江苏	南京市	安徽	马鞍山市		烟台市		益阳市
	无锡市		铜陵市		泰安市		郴州市
	徐州市		黄山市		济南市		怀化市

省、区、市	城市	省、区、市	城市	省、区、市	城市	省、区、市	城市
湖南	娄底市	甘肃	湛江市	广西壮族自治区	南宁市	四川	乐山市
	吉首市		肇庆市		桂林市		眉山市
广东	广州市		惠州市		梧州市	云南	昆明市
	韶关市		汕尾市		玉林市		曲靖市
	深圳市		清远市		贵港市		玉溪市
	珠海市		东莞市	四川	成都市		个旧市
	汕头市		中山市		攀枝花市		楚雄市
	佛山市		潮州市		泸州市	陕西	西安市
	江门市		揭阳市		遂宁市		商州市
甘肃	兰州市		云浮市		内江市		

附录 2　城市绿色全要素生产率的测算过程

在第四章的分析中，本研究通过使用城市绿色全要素生产率反映城市的生产技术水平。具体来看，本研究将中国每个城市视为一个生产决策单元，并假设各个城市投入 M 种生产要素（Input Factors）$x=(x_1, \cdots, x_M) \in R_+^M$，能够同时生产 Q 个期望产出（Good outputs）$y=(y_1, \cdots, y_Q) \in R_+^Q$，以及 H 个非期望产出（Bad outputs）$b=(b_1, \cdots, b_H) \in R_+^H$，则第 j 个城市（$j=1, 2, \cdots, J$）在 t 时期（$t=1, 2, \cdots, T$）的投入产出值可以表示为（$x^{j,t}, y^{j,t}, b^{j,t}$）。基于 Färe 等（2007）提出的由投入、期望产出和非期望产出共同构造的环境生产技术，可以构建出各个时期的最佳生产实践边界 P（x）：

$$P(x) = \left\{ \begin{array}{l} (x, y, b): \sum_{j=1}^{J} z_j x_{jm} \leqslant x_m, \quad \sum_{j=1}^{J} z_j y_{jq} \geqslant y_q, \\ \sum_{j=1}^{J} z_j b_{jk} = b_k, \quad \sum_{j=1}^{J} z_j = 1, \ z_j \geqslant 0; \ \forall j, m, q, h \end{array} \right\} \quad (1)$$

式（1）中，m、q、h 分别表示的是各个投入要素、期望产出以及非期望产出；z_j 代表了每一个决策单元的权重值，所有权重变量均为非负且相加总和等于 1 表示的是在可变规模报酬下（VRS）的生产技术。式（1）满足了零结合公理（即如果没有生产要素投入就无法产生产出，没有产生非期望产出就无法产生期望产出）、产出的弱可处置性（公式中非期望产出约束下的等号表明任何减排行为都需要付出一定的代价）和自由可处置性（期望产出与投入要素的减少无须付出代价）三个经典假设。为了分析大气污染规制对于城市绿色全要素生产率的影响，本书参照现有文献的定义（Chen et al.，2014；Pastor et al.，2011；Zhou et al.，2012），首先选择了方向向量 $g = (-x,\ y,\ -b)$ 保证生产过程中实现投入要素减少，期望产出增加和非期望产出减少，同时，进一步构建了两期修正权重非径向方向距离函数如下：

$$\overrightarrow{D}_j^{\,B}(x,\ y,\ b;\ g_x,\ g_y,\ g_b) = \sup\left\{\beta_j^B:\ \beta_j^B = \sum_{m=1}^M \beta_{jm}^B + \sum_{m=1}^M \beta_{jq}^B + \sum_{m=1}^M \beta_{jh}^B \in P(x)\right\}$$

（2）

式（2）中，B 代表了两期技术，能够将第 t 期和第 t+1 期的观测值结合共同构造出生产前沿，由于该生产前沿包含了两期内的最佳生产点，因此可以有效解决无效率观测值落于边界以外进而产生的不可信解的问题；β_{jm}^B、β_{jq}^B 和 β_{jh}^B 分别为决策单元的城市 j 的投入要素、非期望产出要素和期望产出要素的两期方向距离函数，而 β_j^B 为决策单元的总两期方向距离函数。由于 $\overrightarrow{D}_j^{\,B}$ 衡量的是决策单元的无效率指数，因此 $\overrightarrow{D}_j^{\,B}$ 越大，表示城市 j 的效率越小，反之则越大。在此，本书借鉴了王兵和刘光天（2015）的研究方法，对可变规模报酬下决策单元的两期方向距离函数的投入和产出要素权重进行算术平均处理，并构建线性规划式对其进行求解，具体如下：

$$\overrightarrow{D}_{j'V}^{\,B}(x^t,\ y^t,\ b^t,\ g^t) = \beta_{j'V}^{Bt} = \max \frac{1}{2}\left\{\left[\frac{1}{2M}\left(\frac{s_{j'k}^{Bt}}{g_{j'k}^t}+\frac{s_{j'l}^{Bt}}{g_{j'l}^t}+\frac{s_{j'e}^{Bt}}{g_{j'e}^t}\right)+\frac{1}{2(Q+H)}\left(\frac{s_{j'y}^{Bt}}{g_{j'y}^t}+\frac{s_{j's}^{Bt}}{g_{j's}^t}\right)\right]+\right.$$
$$\left.\left[\frac{1}{3M}\left(\frac{s_{j'k}^{Bt}}{g_{j'k}^t}+\frac{s_{j'l}^{Bt}}{g_{j'l}^t}+\frac{s_{j'e}^{Bt}}{g_{j'e}^t}\right)+\frac{1}{3Q}\left(\frac{s_{j'y}^{Bt}}{g_{j'y}^t}\right)+\frac{1}{3H}\left(\frac{s_{j's}^{Bt}}{g_{j's}^t}\right)\right]\right\}$$

s. t. $\sum_{j=1}^J z_j^t k_j^t + \sum_{j=1}^J z_j^{t+1} k_j^{t+1} \leqslant k_{j'}^t - s_{j'k}^{Bt}$, $\quad \sum_{j=1}^J z_j^t l_j^t + \sum_{j=1}^J z_j^{t+1} l_j^{t+1} \leqslant l_{j'}^t - s_{j'l}^{Bt}$,

$\sum_{j=1}^J z_j^t e_j^t + \sum_{j=1}^J z_j^{t+1} e_j^{t+1} \leqslant e_{j'}^t - s_{j'e}^{Bt} \sum_{j=1}^J z_j^t y_j^t + \sum_{j=1}^J z_j^{t+1} y_j^{t+1} \geqslant y_{j'}^t + s_{j'y}^{Bt}$,

$\sum_{j=1}^J z_j^t s_j^t + \sum_{j=1}^J z_j^{t+1} s_j^{t+1} = s_{j'}^t - s_{j's}^{Bt}$

（3）

$z_j \geqslant 0;\ s_{j'k}^{Bt} \geqslant 0;\ s_{j'l}^{Bt} \geqslant 0;\ s_{j'e}^{Bt} \geqslant 0;$

$s_{j'y}^{Bt} \geqslant 0;\ s_{j's}^{Bt} \geqslant 0;\ \sum_{j=1}^J z_j^t + \sum_{j=1}^J z_j^{t+1} = 1;\ j = 1,\ \cdots,\ J$

式（3）中，$s_{j'k}^{Bt}$、$s_{j'l}^{Bt}$、$s_{j'e}^{Bt}$、$s_{j'y}^{Bt}$和$s_{j's}^{Bt}$分别代表的是资本投入、劳动力投入、能源投入、期望产出（GDP）和非期望产出（SO_2排放量）的松弛变量，此外，本书选择的是可变规模报酬下（下角标 V）的生产技术。同理，本书还可以进一步分别构造出第 t+1 期的两期修正权重非径向方向距离函数和第 t 期、第 t+1 期的当期非径向方向距离函数，并对以上四个方向距离函数值进行线性规划求解。进一步结合现有文献，构造出与两期非径向方向距离函数性质一致的 Luenberger 生产率指数 BLPI 来衡量城市的绿色全要素生产率，具体公式如下：

$$BLPI_V^B = \vec{D}_v^B (x^t, y^t, b^t; g^t) - \vec{D}_v^B (x^{t+1}, y^{t+1}, b^{t+1}; g^{t+1}) = \beta_V^{Bt} - \beta_V^{Bt+1}$$

（4）

此外，式（3）中城市绿色全要素生产率测算的投入产出变量分别是：投入指标为劳动力、资本和能源，具体地，劳动力要素投入是由各地区的年末就业人数统计得到；资本要素投入用资本存量 K 表示，本研究通过参照现有文献使用永续盘存法估算各个城市 1998～2012 年的资本存量（王兵等，2010；徐淑丹，2017）。计算资本存量需要确定折旧率、投资序列平减以及初期的资本存量值。其中各个城市的折旧率参照吴延瑞（2008）对于全国不同省份折旧率的测算结果。投资序列平减则使用固定资产投资完成额并采用当年固定资产价格指数对其进行平减处理，统一折算成为 1998 年不变价的各个城市实际投资完成额[①]。初期资本存量的计算主要参考的方法，由式（5）进行计算。在得到各个城市的初期资本存量之后，可以由式（6）计算出各城市每一年的资本存量值。其中，I_t 表示的是城市第 t 年的实际固定资产投资完成额，δ 代表的是折旧率，g 表示的是经济增长率，K_t 为各城市在第 t 年的资本存量值。

$$K_{1998} = I_{1998} / (\delta + g)$$

（5）

$$K_t = I_t + (1 - \delta) K_{t-1}$$

（6）

能源要素投入为当年城市全社会能源消耗量，由于《中国城市统计年鉴》中缺乏能源使用量的直接数据和煤炭直接相关的数据，因此需要对《中国城市统计年鉴》中电力、天然气、液化石油气数据进行折算从而得到城市能源消耗量。鉴于中国"富煤贫油少气"的资源禀赋特征和相对低廉的煤炭价格导致的中国电力生产对煤炭的高度依赖性，本书的解决办法是首先从历年《中国能源统计年鉴》中获取各种能源折标准煤系数，并从历年《中国电力年鉴》和手工查阅补

[①] 由于部分城市的当年固定资产投资价格指数缺失，因此，对这部分缺失数据的城市使用城市 GDP 平减指数对固定资产投资额进行平减处理。

充得到煤电发电比例，进而汇总测算得到各个城市的年度能源消耗量①。产出指标包含了期望产出和非期望产出，期望产出使用以 1998 年为基期平减计算得到的城市年度实际 GDP，非期望产出为城市年度工业二氧化硫排放量。附表 2-1 是全国所有城市各个投入指标、期望产出指标和非期望产出指标的描述性统计值。

附表 2-1　1998~2012 年中国各城市投入产出变量的描述性统计

变量	单位	均值	方差	最小值	最大值
资本存量	百万元	1597.78	2980.88	2.09	35000.00
劳动力	万人	74.43	97.73	1.00	1338.68
能源消耗量	万吨	1132.09	1219.01	21.44	12050.30
实际 GDP	亿元	766.48	1126.85	11.40	15242.30
工业 SO_2 排放量	万吨	55613.39	62004.15	103.33	711537.00

附录 3

附表 3-1　我国工业行业按照 2 位数代码的技术分类
（TECHNOLOGY INTENSITY DEFINITION）
Classification of Manufacturing Industries into Categories Based on R&D Intensities

High-Technology Industries	Medium-High-Technology Industries
Aircraft and Spacecraft Pharmaceuticals Office，Accounting and Computing Machinery Radio，TV and Communcations Equipment Medical，Precision and Optical Instruments	Electrical Machinery and Apparatus，n. e. c. Motor Vehicles，Trailers and Semi-Trailers Chemicals Excluding Pharmaceuticals Railroad Equipment and Transport Equipment，n. e. c. Machinery and Equipment，n. e. c.
Medium-Low-Technology Industries	Low-Technology Industries
Building and Repairing of Ships and Boats Rubber and Plastics Products Coke，Refined Petroleum Products and Nuclear Fuel Other Non-Metallic Mineral Products Basic Metals and Fabricated Metal Products	Manufacturing，n. e. c. ；Recycling Wood，Pulp，Paper，Paper Products，Printing and Publishing Food Products，Beverages and Tobacco Textiles，Textile Products，Leather and Footwear

Data Source：ISIC（2011）。

---

①　具体的计算公式为：城市能源消耗量 =（用电量×煤电发电比例×电力折标准煤系数）+（煤气供气总量×煤气折标准煤系数）+（液化石油气供气总量×液化石油气折标准煤系数）。